FORSCHUNGSBERICHTE DES LANDES NORDRHEIN-WESTFALEN

Nr. 1858

Herausgegeben im Auftrage des Ministerpräsidenten Heinz Kühn
von Staatssekretär Professor Dr. h. c. Dr. E. h. Leo Brandt

DK 669.112.221
669.11-14
669.131.82

Prof. Dr.-Ing. Wilhelm Patterson

Dr.-Ing. Reinhard Döpp

Gießerei-Institut der Rhein.-Westf. Techn. Hochschule Aachen

Untersuchungen zur Erstarrung von Temperguß

Springer Fachmedien Wiesbaden GmbH

ISBN 978-3-663-06583-8 ISBN 978-3-663-07496-0 (eBook)
DOI 10.1007/978-3-663-07496-0

Verlags-Nr. 011858

Ursprünglich erschienen bei Westdeutscher Verlag, Köln und Opladen 1968

Gesamtherstellung: Westdeutscher Verlag

Inhalt

1. Erläuterung der Aufgabe

Hauptziel dieser Arbeit war, die Kristallisation des Primäraustenits in untereutektischen Eisen–Kohlenstoff-Legierungen zu untersuchen. Um Gesetzmäßigkeiten erkennen zu können, wurde die Kristallisation des Primäraustenits durch planmäßiges Ändern der Herstellungsbedingungen des Gußeisens beeinflußt. Aus den Versuchsergebnissen sollten Folgerungen über das Erstarrungsverhalten, die Fehleranfälligkeit und die mechanischen Eigenschaften von Temperrohguß, Hartguß und grauem Gußeisen gezogen werden.

Die technischen Gießwerkstoffe erstarren je nach Legierungsgehalt, Keimzustand und Abkühlbedingungen exogen oder endogen und kompakt oder dendritisch. Zwischen den Grenzfällen exogen-kompakt und endogen-dendritisch liegen viele Übergangsformen. Die Zahl der möglichen Kombinationen nimmt mit der Zahl der beteiligten Phasen zu. Der Erstarrungstyp beeinflußt z. B. das Speiseverhalten, die Aufteilung des Volumendefizits, die Fehleranfälligkeit und die Eigenschaften. Seine Kenntnis ist daher für den Gußhersteller (Halbzeug und Formguß einschließlich Stahlhalbzeug und Stahlformguß) und für den Verbraucher von Bedeutung.

Der vorliegende Bericht ist ein Beitrag zum Erstarrungsverhalten von weißem und grauem Gußeisen. Er befaßt sich einleitend mit den Grundlagen der Kristallisation des Gußeisens, das nach dem metastabilen und stabilen System erstarren kann. Die Auswertung des Schrifttums ergab, daß die eutektische Kristallisation ausführlicher behandelt wurde als die Primärkristallisation. Der Schwerpunkt der eigenen Untersuchungen liegt daher auf der Kristallisation des Primäraustenits. Ziel war, am Beispiel von Temperrohguß die strukturellen Gründe für Schwierigkeiten beim Vergießen und Erstarren nichteutektischer Legierungen kennen zu lernen, besonders für die Warmrißneigung von weißem Gußeisen.

Gleichzeitig soll die Arbeit zur Lösung der Frage beitragen, wie bei grauem Gußeisen die Primärkristallisation des Austenits in Richtung exogener Erstarrung gelenkt werden kann, um eine hohe Festigkeit zu erreichen. Die Antwort interessiert auch für Gußeisen mit Kugelgraphit, da man bestrebt ist, die Glühbehandlung zu umgehen. Exogener Primäraustenit kann wahrscheinlich auch bei Temperrohguß und Hartguß die Festigkeit steigern.

Dieser Bericht ist ein Teil einer ausführlichen Studie »Zum Einfluß der Rohstoffe, der Schmelzführung und der Schmelzbehandlung auf das Erstarrungs- und Graphitisierungsverhalten von Eisen–Kohlenstoff-Legierungen, besonders Temperguß« [1]. Die Versuche wurden im Gießerei-Institut der Technischen Hochschule Aachen und in der Tempergießerei Walter Hundhausen KG in Schwerte (Ruhr) durchgeführt.

2. Auswertung des Schrifttums

2.1 Kristallisation von weißem Gußeisen

2.1.1 Voraussetzungen

Für den Kristallisationsvorgang des Graphits sind Fremdteilchen erforderlich. Weißes Gußeisen entsteht, wenn die Keimbildung des Graphits unterdrückt wird. Fremdteilchen, die den Kristallisationsprozeß des Graphits einleiten könnten, müssen zerstört oder unwirksam gemacht werden. Möglichkeiten sind starkes Überhitzen und rasches Abkühlen, vermutlich auch sehr langes Abstehen bei tiefen Temperaturen. Ferner lassen sich Stoffe zusetzen, die vorhandene Fremdteilchen inaktiv machen oder »vergiften«, bei weißem Gußeisen z. B. Wismut [2] und Tellur [3, 4].

2.1.2 Einfluß der Überhitzung, des Siliciumgehalts und der Schmelzbehandlung

Mit steigender Überhitzung nimmt in der Regel die Unterkühlung zu. Bei grauem Gußeisen konnten darüber hinaus Stufen in der Unterkühlungs-Überhitzungs-Kurve nachgewiesen werden, die nach W. Patterson und D. Ammann [5] auf die Anwesenheit mehrerer Arten von Fremdteilchen (»Fremdkeimspektrum«) hindeuten. Bei weißem Gußeisen und Überhitzungen bis etwa 200° C fanden E. Scheil und D. Pohl [3, 6] einen linearen Zusammenhang zwischen Unterkühlung und *Überhitzung*. Bei gleicher Überhitzung nahm die Unterkühlung mit steigendem *Siliciumgehalt* ab. Ausgangsmaterial war weiß erstarrtes Stürzelberger Roheisen mit 4,3% C, Spuren Si, 0,28% Mn, 0,018% S und 0,006% P. Zur Sicherung des Weißfallens bei 20–30 grd/min Ofenabkühlung nach dem Umschmelzen mußte dem flüssigen Eisen 0,1% Te zugesetzt werden. Dies weist darauf hin, daß schon durch einmaliges Umschmelzen der Fremdkeimzustand geändert werden kann. Ein anderer Grund für das leichte Graufallen des unbehandelten Eisens wäre das scheinbar ausgeglichene Verhältnis Mangan zu Schwefel entsprechend

$$\text{Mn} = 1{,}71 \cdot \%\,\text{S} + 0{,}25,\ \text{hier} = 0{,}28\%\ \text{Mn, d. h. } \text{Mn}_{\text{theor.}} = \text{Mn}_{\text{prakt.}}.$$

Nach K. Roesch, W. Patterson und U. Klein [7] ist der »Sicherheitszuschlag« der im Primäraustenit gelöste Manganbetrag, der damit zum Abbinden des Schwefels nicht verfügbar ist. Weil E. Scheil und D. Pohl [3] eutektische Legierungen untersuchten, liegt aber tatsächlich ein Manganüberschuß vor. Dieser Mehrbetrag ist jedoch wesentlich kleiner als der nach E. Scheil und D. Pohl [3] erforderliche Mangangehalt von 2% und darüber, der die Zusammensetzung bei den Hauptversuchen zu stark verändert hätte. Ohne Zusätze wäre erst bei Abkühlgeschwindigkeiten von 150–200 grd/min Weißerstarrung eingetreten. Daher entschlossen sich die Verfasser zu einem Tellurzusatz unmittelbar nach dem Aufschmelzen. Bei dieser Arbeitsweise ist ein Impfeffekt unwahrscheinlich. Die von E. Scheil und D. Pohl [3, 6] im Diagramm Unterkühlung $= f$ (Überhitzung) eingetragenen Geraden laufen durch den Koordinaten-Nullpunkt. Eine von W. PATTERSON [8] z. B. an Kupolofengrauguß und synthetischem Gußeisen festgestellte »spezifische Unterkühlung« nicht überhitzter Schmelzen (Überhitzung = 0 grd, Unterkühlung > 0 grd) konnte somit bei weißem Gußeisen nicht beobachtet werden, aber auch keine »spezifische Überhitzung« (Unterkühlung = 0 grd, Überhitzung > 0 grd), die theoretisch ebenso denkbar wäre. Die Unterkühlungsneigung des Ledeburits nimmt zwischen 1 und 2% Si besonders stark ab [2, 3]. Dies ist bei der Herstellung von nicht entkohlend geglühtem (schwarzem) Temperguß zu berücksichtigen, da hier in den letzten Jahren teilweise höhere Siliciumgehalte angestrebt werden. Der Ledeburit kann zwar feiner kristallisieren, die Gefahr des Graufallens nimmt aber zu. In gleicher Richtung wirkt Silicium als Legierungselement.

E. SCHEIL und D. POHL [3] fanden weiter mit steigender *Überhitzungsdauer* eine stärkere Unterkühlung der Ledeburitkristallisation. Neuere Untersuchungen von E. SCHEIL und F. WEISS [9] an Hartguß mit Kugelgraphit zeigen auch eine Abhängigkeit von der *Schmelzbehandlung*. So sollen kleine Zugaben von Aluminium, Bor (in Form von Borlegierungen, nicht dagegen als reines Bor) und Lithium den Ledeburit feinen, kleine Tellurzusätze ihn dagegen vergröbern.

Folgerungen: Aus den Versuchsreihen von E. SCHEIL und D. POHL [3, 6] kann man schließen, daß durch höhere Überhitzungstemperatur und längere Überhitzungszeit nicht nur die Graphitkristallisation unterkühlt wird, sondern auch die Ledeburitkristallisation. Daher ist anzunehmen, daß die Ledeburitkristallisation ebenfalls durch Fremdteilchen eingeleitet wird. Die Fremdteilchen lassen sich offenbar durch die Schmelzführung beeinflussen. Während die Kristallisation technischer Schmelzen in der Regel mit heterogener Keimbildung beginnt, sind für die Kristallisation der induzierenden Fremdteilchen wahrscheinlich die Gesetze der homogenen Keimbildung maßgebend (»spontane Keimbildung« bei ~ 0,8 · Schmelztemperatur).

2.1.3 Kristallisation des metastabilen Eutektikums

Ledeburit ist nach der Systematik von E. SCHEIL [6] im Idealfall ein normal kristallisierendes Eutektikum, gekennzeichnet durch einheitliche Kristallisationsfront, durch den Orientierungszusammenhang der Phasen, durch Korngrenzen und durch fehlende Konzentrationsverschiebungen. Dieser Typ tritt in nicht unterkühlten oder nur schwach unterkühlten Proben auf. Bei stärkerer Unterkühlung kann ein anomales Eutektikum entstehen, bei dem der enge Orientierungszusammenhang zwischen eutektischem Austenit und eutektischem Zementit ganz oder teilweise fehlt. Der strahlen- oder büschelförmige Aufbau läßt sich durch noch schrofferes Abkühlen verstärken, das Gefüge wird feiner.

Das normale Ledeburiteutektikum kann nach Gefügebildern von F. KÖRBER, W. OELSEN, H. SCHOTTKY und H. J. WIESTER [10] bei übereutektischen, eutektischen und untereutektischen Legierungen auftreten. Stäbchenbündel von eutektischem Austenit durchsetzen den zusammenhängenden eutektischen Zementit und sind innerhalb eines eutektischen Korns gleichartig orientiert. Mit zunehmender Unterkühlung verschwindet die enge Kristallisationskopplung zwischen den eutektischen Partnern immer mehr. Zementit und Austenit sind deutlich getrennt. In untereutektischen Legierungen kristallisiert der eutektische Austenit ganz oder teilweise an den Primäraustenit an. Die oft büschelartige Ausbildung des Zementits, besonders gut in eutektischen Legierungen zu beobachten, weist auf eine bevorzugte Kristallisation des Zementits hin.

Die beschriebenen Ergebnisse von E. Scheil und D. Pohl [3, 6] sind eine Bestätigung der umfangreichen Arbeiten von H. Morrogh und W. J. Williams [11–14]. Nach W. J. Williams [14] ergaben untereutektische weiße Proben mit »plattenförmigem« Eutektikum im ungeglühten Zustand höhere Festigkeitswerte (bis 48 kp/mm²) als Proben mit normalem Ledeburiteutektikum (bis 32 kp/mm²). Diese Unterschiede wurden aufgedeckt, als man bei ungeglühten Proben selbst ein und desselben Abstichs Festigkeitsschwankungen von etwa $\pm$ 15% des Mittelwerts beobachtete, die weder vom Prüfverfahren noch von äußeren und inneren Unregelmäßigkeiten der Probestäbe herrühren konnten. Das Entstehen des plattenförmigen Eutektikums wird durch Phosphor, Schwefel und Antimon stark gefördert. Zum Beispiel soll bei mehr als 0,5% P kein normales Ledeburiteutektikum mehr auftreten. Der Bruch des plattenförmigen Eutektikums erscheint feinkristallin, der des normalen Ledeburiteutektikums grob-säulenförmig. Schrägbeleuchtung bestätigte, daß plattenförmiges Eutektikum feinkörnig kristallisiert, normales Ledeburiteutektikum grobkörnig.

Wie später gezeigt wird, ist das plattenförmige Eutektikum mehr dem endogenen Erstarrungstyp zuzuordnen, das normale Ledeburiteutektikum dem exogenen Erstarrungstyp. Im ersten Fall beginnt die Keimbildung nicht nur an bevorzugten Punkten, etwa am Rand oder in Randnähe, sondern auch im Innern der Schmelze, im zweiten Fall überwiegend an der Grenzfläche Schmelze/Formstoff. Bei gleicher Gießtemperatur sind die Dendriten des Primäraustenits annähernd gleich lang. Trotz übereinstimmender Primärerstarrung (hier mit ausgeprägten, gerichtet gewachsenen Dendritenbündeln) war die eutektische Kristallisation der beiden verglichenen Proben sehr unterschiedlich: Beim plattenförmigen Eutektikum entstanden zahlreiche kleine, über den Querschnitt gleichmäßig verteilte Körner, beim normalen Ledeburiteutektikum wenige große, vom Rand aus gewachsene Körner. Dieser Unterschied stimmt mit dem Sichtbefund überein und wird durch Aufnahmen bei stärkerer Vergrößerung bestätigt: Im plattenförmigen Eutektikum konnten bei gleich großem Beobachtungsfeld häufiger Richtungsänderungen festgestellt werden als im normalen Ledeburiteutektikum.

W. J. Williams [14] untersuchte ferner den Einfluß der Gießtemperatur zwischen 1270 und 1420°C. Die Proben waren gegen eine Schreckplatte gegossen und erstarrten völlig weiß. Mit fallender Gießtemperatur wurden die Dendriten des Primäraustenits kürzer. Das Bruchgefüge war aber einheitlich feinkörnig.

J. Rickard und I. C. H. Hughes [15] bestätigen in einer neueren Untersuchung das Auftreten zweier metastabiler Eutektika (Abb. 1). Das normale Ledeburiteutektikum (Abb. 1a) kristallisiert mit schwacher Unterkühlung und geringer Rekaleszenz, das plattenförmige Eutektikum (Abb. 1b) mit stärkerer Unterkühlung und ausgeprägter Rekaleszenz, die 20 grd und mehr betragen kann. Die Abb. 1 zu Grunde liegenden Proben hatten einheitliche Zusammensetzung. Der

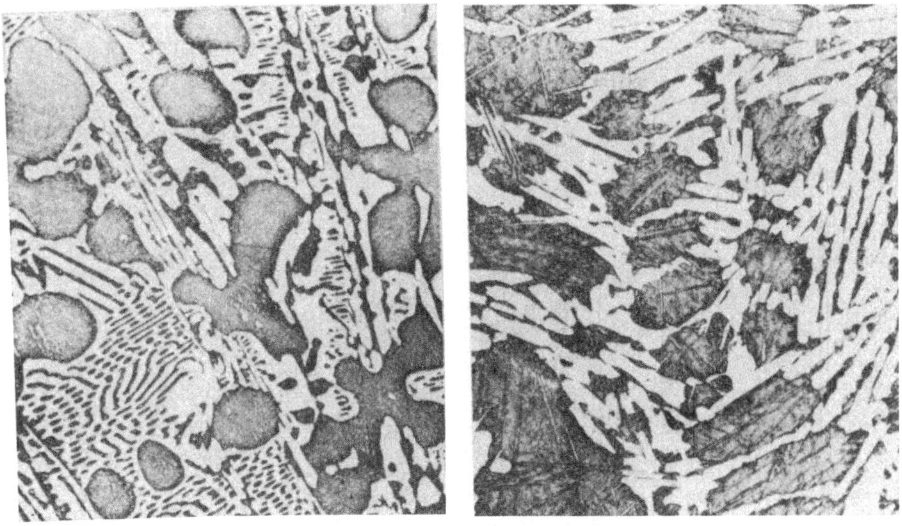

Abb. 1 Metastabiles Eutektikum in untereutektischem weißem Gußeisen (alkoholische Pikrinsäure 4%; 100:1, Original 100:1) nach J. Rickard und I. C. H. Hughes [15]

a) normales Ledeburiteutektikum (Überhitzungstemperatur 1300° C)

b) anomales plattenförmiges Eutektikum (Überhitzungstemperatur 1500° C)

Chromgehalt von etwa 1% dient offenbar zur Sicherung des Weißfallens. Die Abkühlgeschwindigkeit betrug etwa 20 grd/min. An ähnlichen Legierungen wurde der Erstarrungsablauf beider Eutektika durch Abschrecken zu bestimmten, vorher festgelegten Zeiten untersucht. Die zu Beginn des Abschreckens noch flüssigen Bereiche waren in der Regel wesentlich feiner kristallisiert als die festen Bereiche und erleichterten damit die Unterscheidung, besonders beim normalen Ledeburiteutektikum. Beim plattenförmigen Eutektikum wurde das abgeschreckte Gefüge mit steigender Verweilzeit der Schmelze im eutektischen Bereich gröber.

Folgerungen: Die von W. J. Williams [14] durchgeführten Versuchsreihen mit weißem Gußeisen lassen darauf schließen, daß die Kristallisation des Eutektikums unabhängig von der Kristallisation des Primäraustenits verläuft, wie eigene Versuche eindeutig bestätigten. Diese Regel gilt auch für grau erstarrende Proben. Sie erklärt die Feststellung von W. Patterson und W. Standke [16–18], daß graues Gußeisen mit kleinen Primäraustenitdendriten selbst bei hoher Zahl eutektischer Zellen geringe Festigkeit haben kann. Umgekehrt können lange Primäraustenitdendriten selbst bei kleiner Zellenzahl zu hohen Festigkeiten führen, wie systematische Versuche von W. Patterson, H. Siepmann und F. W. Hauptvogel [19] bestätigten.

Der Schlüssel zum Verständnis dieser und zahlreicher anderer Beobachtungen ist der Fremdkeimzustand der Schmelze, der durch die chemische Grundzusammensetzung und äußere Maßnahmen und Einflüsse, wie Schmelzführung, Schmelzbehandlung und Abkühlbedingungen, in weiten Grenzen geändert werden kann.

Tafel 1 *Kristallisationsformen des Ledeburits* (Auswertung der Literatur)

Merkmal	Säulenförmiges Eutektikum	Plattenförmiges Eutektikum	Literatur
Erscheinungsbild			
Auftreten in unlegiertem Eisen	häufig	selten (nur bei starker Unterkühlung)	[15]
Bruch	grobkristallin	feinkristallin	[14]
Schrägbeleuchtung	wenige große Zellen	viele kleine Zellen	[14]
Korngrenzen bei Schrägbeleuchtung	verhältnismäßig gut sichtbar	verhältnismäßig gut sichtbar	[14, 15]
Senkrechtbeleuchtung	nur Primäraustenit sichtbar	nur Primäraustenit sichtbar	[14]
Mikrobild	säulenförmige Zellen mit einzelnen »Fingern«	plattenförmige Zellen, oft büschelartig	[3, 14, 15]
Korngrenzen (Zellgrenzen) im Mikrobild	außer bei Abschreckproben schwer erkennbar	außer bei Abschreckproben oft schwer erkennbar (aber auch bei Abschreckproben schwierig, da Vergröberung des Abschreckeutektikums bei längerem Verweilen im eutektischen Bereich)	[15]
Primäraustenit im Mikrobild	glatte Umrisse	zerklüftete Umrisse (durch teilweises Aufwachsen von eutektischem Austenit)	[14, 15]
Kristallisation und Erstarrungsablauf			
Erstarrungsablauf	exogen	endogen	–
Keimbildung	bevorzugt am Rand	überall in der Schmelze	[15]
Kopplung zwischen Zementit und Austenit	eng (aber vielfach »Zementitachse«)	schwach (Zementit eilt vor)	[3, 15]

Tafel 1 (Fortsetzung)

Merkmal	Säulenförmiges Eutektikum	Plattenförmiges Eutektikum	Literatur
führende Phase	theoretisch keine, praktisch wahrscheinlich Zementit, zumindest örtlich	wahrscheinlich Zementit	[3, 6, 15]
Unterkühlung	schwach	stark	[3, 15]
Rekaleszenz	schwach	stark	[15]
Kristallisationsgeschwindigkeit	gering	groß	[15]
Längenwachstum	ausgeprägt	schwach	[15]
Seitenwachstum	schwach	ausgeprägt (soll in Abb. 2b durch kräftige, mehr das Seitenwachstum betonende Striche verdeutlicht werden)	[15]
Einflußgrößen			
hohe Überhitzungstemperatur	ungünstig	günstig	[3, 14, 15]
lange Überhitzungszeit	ungünstig	günstig	[3]
Al_2O_3 (Tiegel und Schutzrohr)	ungünstig	günstig	[15]
SiO_2 (Tiegel und Schutzrohr)	günstig (selbst bei langer Überhitzung kein plattenförmiges Eutektikum)	ungünstig	[15]
Legierungszusätze	oft ungünstig	oft günstig (fördern Unterkühlung oder vermindern kritischen Unterkühlungsbetrag)	[15]
Si	günstig	ungünstig	[3]
P (> (0,5%), S, Sb	ungünstig	günstig	[14]
Sb, Te	–	nicht ungünstig bei Schmelzen, die im Al_2O_3-Tiegel erstarren	[15]

Tafel 1 (Fortsetzung)

Merkmal	Säulenförmiges Eutektikum	Plattenförmiges Eutektikum	Literatur
> 0,5% C, Al, Ti, Bi, As, Cr, B, Mg, Ce, Ca, in Al_2O_3-Tiegel vor dem Erstarren zugegeben	günstig	ungünstig	[15]
Folgerung			
Typ des Eutektikums	meist normal	zum Teil anomal	–
Begründung			
Kriterien nach E. Scheil [6]:			
Kristallisationsfront	verhältnismäßig einheitlich; nach J. Rickard und I. C. H. Hughes [15] eilt aber der Zementit eines Ledeburit-»Fingers« oft etwas vor («Zementitachse«); mehrere »Finger« bilden eine eutektische Zelle	meist nicht einheitlich (Zementit eilt vor)	–
Orientierungszusammenhang	meist vorhanden	oft nicht vorhanden	–
Korngrenzen	bei Schrägbeleuchtung sichtbar	bei Schrägbeleuchtung sichtbar	–
Konzentrationsverschiebung	fehlt meist	vermutlich meist vorhanden	–

Die thermischen Veränderungen, etwa durch unterschiedliche Gießtemperatur, reichen als Erklärung allein nicht aus. Ihr Einfluß ordnet sich aber zwanglos in das Gesamtbild ein, nach dem Änderungen des Fremdteilchenzustandes als wesentliche Ursache für Gefüge- und Eigenschaftsänderungen angesehen werden können. Mit dieser Kernfrage wird sich der Hauptteil der vorliegenden Arbeit näher befassen.

Die Untersuchungen von J. Rickard und I. C. H. Hughes [15] sind eine wertvolle Ergänzung zu früheren Arbeiten von H. Morrogh und W. J. Williams [11–14] sowie von E. Scheil und D. Pohl [3, 6], da der Erstarrungsablauf durch Abschreckversuche geprüft wurde. Nach übereinstimmender Ansicht der genannten Verfasser treten zwei verschiedene Arten des metastabilen Eutektikums auf, die man als Grenzfälle dieses Eutektikums ansehen kann (Tafel 1).

Das mit geringer Unterkühlung und geringer Rekaleszenz kristallisierende Ledeburiteutektikum wächst, wie auch A. G. Fuller und I. C. H. Hughes [20] erkannten, bevorzugt vom Rand zur Mitte und führt zu wenigen großen, säulenförmig-gestreckten eutektischen Zellen.

Die Keimbildung des »plattenförmigen« Eutektikums dagegen setzt nach starker Unterkühlung an verschiedenen, statistisch verteilten Punkten in der Schmelze ein. Bei diesem Vorgang und dem anschließenden Kristallwachstum wird verhältnismäßig viel Wärme frei, die auf rasches Stabilisieren des festen Zustandes schließen läßt und sich in einer starken Rekaleszenz auf der Abkühlkurve äußert. Man erhält zahlreiche kleine, oft gedrungen-büschelartig gewachsene Zellen.

Der Entstehungsmechanismus des säulenförmigen Eutektikums trägt alle Merkmale der exogenen Kristallisation (Abb. 2a), der des plattenförmigen Eutektikums alle Merkmale der endogenen Kristallisation (Abb. 2b). Diese Begriffe werden in Abschnitt 3.1 näher erläutert. In beiden Fällen deuten die Beobachtungen darauf hin, daß der Fremdteilchenzustand eine wesentliche Rolle spielt. Das säulenförmige Ledeburiteutektikum tritt aus zwei Gründen verhältnismäßig leicht auf:

a) Sehr hohe Unterkühlungen, wie sie zur Entstehung des plattenförmigen Eutektikums erforderlich sind, lassen sich nur durch besondere Maßnahmen erzwingen (hohe Überhitzungstemperatur, lange Überhitzungszeit, langes Abstehen bei tiefen Temperaturen, geringer Siliciumgehalt).

b) Auch der Graphit als Alternative, obwohl thermodynamisch die stabile Phase, hat Keimbildungsschwierigkeiten, die vielfach nur durch besondere Eingriffe verringert werden können, z. B. durch Impfen bei tiefen Temperaturen.

An der Bildung von Fremdteilchen für die Kristallisation des säulenförmigen Ledeburiteutektikums ist wahrscheinlich u. a. Silicium beteiligt, da

a) mit steigendem Siliciumgehalt bei gleicher Überhitzung die Unterkühlung abnimmt [3, 6] und

b) kieselsäurehaltige Tiegelauskleidungen und Thermoelement-Schutzrohre das Entstehen dieses Eutektikums fördern [15]. Ein ähnlicher Einfluß ist daher von saurem Futter (Ofen, Vorherd, Pfanne), von saurer Schlacke und vielleicht auch vom Quarzsand der Form zu erwarten, falls ausreichende Kontaktmöglichkeiten vorhanden sind.

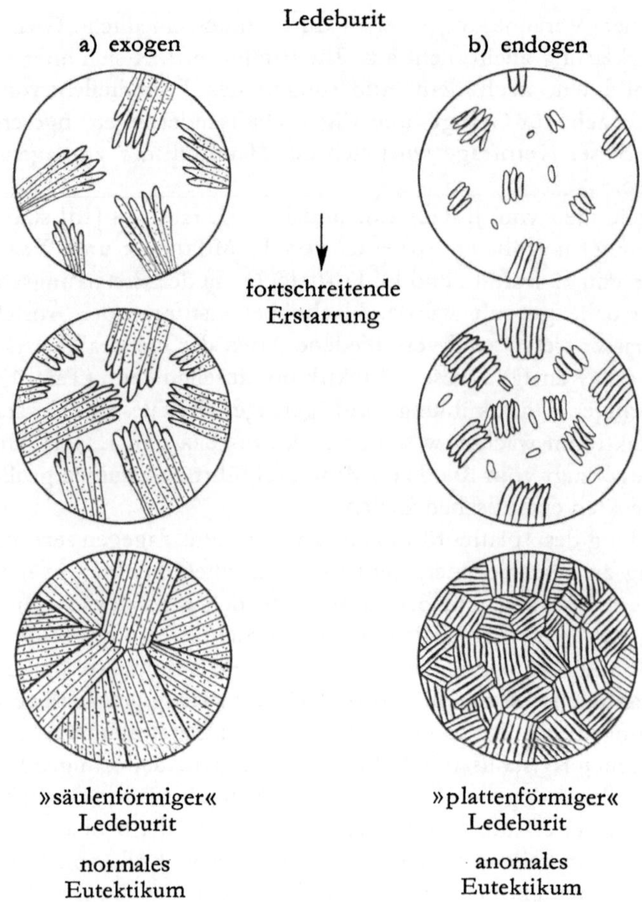

Abb. 2 Kristallisation des Ledeburits in Rundproben (schematisch)

Daß der Fremdteilchenzustand der Schmelze die Gefügeausbildung des Eutektikums stark mitbestimmt, läßt sich aus einer weiteren Beobachtung [15] schließen: Zusätze (bis 0,5%) von Kohlenstoff, Aluminium, Titan, Wismut, Arsen, Chrom, Bor, Magnesium, Cer und Calcium zu flüssigem Eisen sollen die Entstehung des normalen Ledeburiteutektikums fördern. Dagegen sollen Zugaben von Antimon und Tellur das Auftreten des plattenförmigen Eutektikums bei Schmelzen, die im Tonerdetiegel erstarren, nicht verhindern können.

Nimmt man an, daß die Keimbildungsarbeit technischer Schmelzen durch Fremdteilchen verringert wird, dann setzt die Kristallisation vermutlich um so früher ein, je mehr geeignete Fremdteilchen vorhanden sind. Daher sollten fremdkeimbildende Zusätze die Kristallisation des normalen Ledeburiteutektikums um so stärker gefördert haben, je geringer die beobachtete Unterkühlung ist, vorausgesetzt, daß nicht schon die Kristallisation des Graphiteutektikums eintrat. Die Unterkühlungsneigung einer Schmelze ist somit ein erster Anhalt für den Erfolg

eines bestimmten metallurgischen Eingriffs. Darüber hinaus spielt die Art der Fremdteilchen eine Rolle. Ein direkter Nachweis der kristallisationsfördernden oder -hemmenden Fremdsubstanzen ist schwierig. W. PATTERSON und D. AMMANN [5] folgern aus Überschlagsrechnungen bei grauem Gußeisen, daß der Radius der Fremdteilchen zwischen etwa 10^{-5} und 10^{-2} mm liegt, der Volumenanteil etwa zwischen $3 \cdot 10^{12}$ und $3 \cdot 10^{-2}$ %.
Indizienbeweise sind dagegen möglich. Auch in der vorliegenden Arbeit wurde dieser indirekte Weg beschritten. Durch Gefügebeobachtung lassen sich deutliche Unterschiede im Kristallisationsverhalten erkennen, die mit großer Wahrscheinlichkeit auf Änderungen des Fremdteilchenzustands zurückzuführen sind. Die qualitativ-anschauliche Betrachtungsweise kann durch quantitative Gefügeauswertungen ergänzt und präzisiert werden (vgl. Abschnitt 3.2).

2.2 Erstarrungsablauf von weißem und grauem Gußeisen; Einfluß auf Speisevermögen, Fehleranfälligkeit und mechanische Eigenschaften

Bemerkenswert in den Arbeiten von W. J. WILLIAMS [14] sowie von I. C. H. HUGHES und Mitarbeitern [15, 20–22] sind einige Hinweise auf Zusammenhänge zwischen Erstarrungsverhalten einerseits und Speisevermögen und Fehleranfälligkeit andererseits. Eigene Überlegungen schließen sich an.

2.2.1 Eutektische Erstarrung fünf verschiedener Gußeisen

I. C. H. HUGHES und Mitarbeiter [20, 22] untersuchten das Erstarrungsverhalten fünf typischer weißer und grauer Gußeisenlegierungen. Ergebnis sind Erstarrungsschaubilder (Abb. 3), die auf der Abszisse die Zeit, auf der Ordinate den Abstand vom Rand und als Parameter folgende Größen enthalten:

a) Temperatur in Form von Isothermen, deren Werte den Abkühlkurven entnommen wurden (in Abb. 3 der Übersicht wegen fortgelassen);
b) Anteil an festem, d. h. vor dem Abschrecken entstandenem Eutektikum in Form von »Isoeutektikalen« (Linien gleichen Anteils an festem Eutektikum).

Die Fülle der Aussagen dieser Erstarrungsdiagramme und der daraus entwickelten Abb. 4–6 soll an einigen Beispielen erläutert werden.

2.2.1.1 Untereutektisches weißes Gußeisen mit niedrigem Siliciumgehalt (0,1%)

Die eutektische Erstarrung setzt am Rand der 2″-Probe nach etwa 2,5 min bei ~ 1120° C ein und ist nach etwa 3,5 min bei 1110° C beendet (Abb. 3a). In Probenmitte beginnt sie nach 7,5 min bei 1116° C und ist nach 8 min bei 1112° C abgeschlossen. Die Erstarrungszeit des Eutektikums beträgt somit am Rand etwa 1 min, in der Mitte 0,5 min (Abb. 4a). Diese Zeiten (unter Berücksichtigung der Halbmitte kleiner als 2 min) sind verhältnismäßig kurz. Ein bestimmter Punkt, der nach t_0 min von der Spitze der eutektischen Kristallisationsfront erreicht wird, liegt spätestens nach $t_1 = t_0 + 2$ min schon im vollständig festen Gebiet.

Kennzeichnend für das weiße Gußeisen ist, daß die eutektische Erstarrung am Rand längst abgeschlossen ist, bevor sie im Kern beginnt. Die eutektische Erstarrungsfront wandert mit einem Erstarrungsbereich, der gleichbleibend etwa $^1/_8$ des Probendurchmessers beträgt (Abb. 5a), vom Rand zur Mitte. Der eutektische Erstarrungsbereich ist, wie ein Vergleich mit den anderen Gußeisenbeispielen zeigt, verhältnismäßig klein.

Vom Eutektikum her bietet weißes Gußeisen daher günstige Voraussetzungen für das Nachspeisen. Dieser Vorteil nimmt mit steigendem Anteil an Eutektikum zu, d. h. in der Reihenfolge: Temperrohguß für nicht entkohlend geglühten (schwarzen) Temperguß ($S_R \approx 0{,}2$–$0{,}4$), Temperrohguß für entkohlend geglühten (weißen) Temperguß ($S_R \approx 0{,}4$–$0{,}6$), Hartguß ($S_R \approx 0{,}6$–$1{,}0$).

Bei untereutektischem weißem Gußeisen mit niedrigem Sättigungsgrad (Beispiel Temperrohguß) wird das tatsächliche Speiseverhalten von der Kristallisation des Primäraustenits mitbestimmt. Die Primärkristallisation, die auch für grau erstarrendes Eisen Bedeutung hat, kann sehr unterschiedlich sein, wie die eigenen Versuche zeigen werden.

2.2.1.2 Untereutektisches Gußeisen mit Lamellengraphit (Grauguß) mit niedrigem Phosphorgehalt ($< 0{,}1\%$)

Die eutektische Erstarrung beginnt im gesamten Querschnitt fast zur gleichen Zeit (Abb. 3b), ist aber am Rand viel früher (nach ~ 2 min) abgeschlossen als in der Mitte (nach ~ 9 min). Die Erstarrungszeit nimmt vom Rand zur Mitte zu (Abb. 4b). Dies bedeutet (bei annähernd gleichzeitigem Erstarrungsanfang am Rand und in der Mitte), daß eine feste Randschale von eutektischen Zellen aus Graphit und Austenit gebildet wird. Die Randschale wächst kontinuierlich vom Rand bis zur Mitte. Der Unterschied zum normalen Eutektikum des weißen Gußeisens besteht darin, daß die Keimbildung der eutektischen Zellen nicht nur an der Grenzfläche Schmelze/Formstoff erfolgt, sondern auch im Innern der Schmelze, und daß der eutektische Erstarrungsbereich des grauen Gußeisens meist wesentlich größer ist (Abb. 5b).

Die Speiseverhältnisse scheinen daher ungünstiger zu sein. Zu bedenken ist aber, daß bei der Kristallisation des eutektischen Graphits als Baustein der eutektischen Zellen eine Volumenvergrößerung eintritt. Die Restschmelze wird abgedrängt, hier einheitlich zur Mitte, da die eutektischen Zellen eine sich ständig verdickende Randschale aufbauen. Der Erstarrungsbereich durchläuft bei etwa $^1/_7$ bis $^1/_8$ der Gesamterstarrungszeit ein Maximum (Abb. 5b). Die Volumenkontraktion der γ-Mischkristalle kann durch die verdrängte Restschmelze, d. h. vom Gußstück selbst, verhältnismäßig leicht ausgeglichen werden. W. Patterson, W. Koppe und S. Engler [23, 24] bezeichnen diese Art des Speisens als »Selbstspeisung«. In welchem Maß besonders gefährdete Stellen von außen her nachgespeist werden können, hängt wieder entscheidend vom Erstarrungsablauf des Primäraustenits ab, der noch ausführlich erläutert wird.

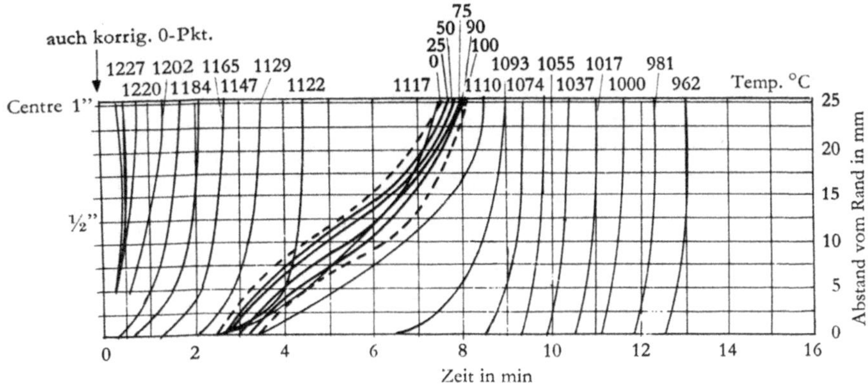
auch korrig. 0-Pkt.
1227 1202 1165 1129
1220 1184 1147 1122
1117
75
50 90
25 100
0
1093 1055 1017 981
1110 1074 1037 1000 962
Temp. °C
Centre 1"
½"
25
20
15
10
5
0
Abstand vom Rand in mm
0 2 4 6 8 10 12 14 16
Zeit in min

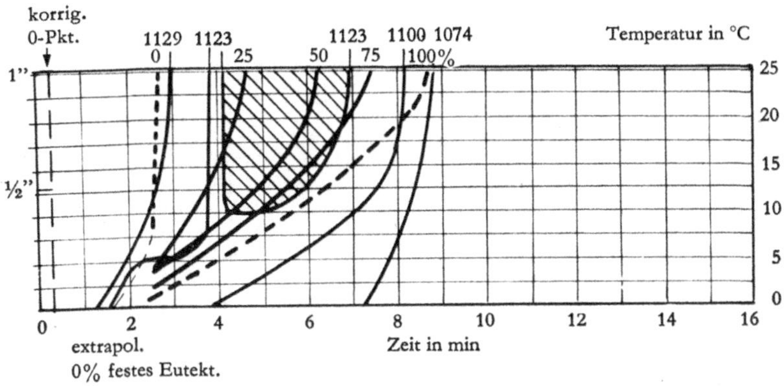
korrig.
0-Pkt.
1129 1123
0 25
1123 1100 1074
50 75 100%
Temperatur in °C
1"
½"
25
20
15
10
5
0
0 2 4 6 8 10 12 14 16
extrapol.
0% festes Eutekt.
Zeit in min

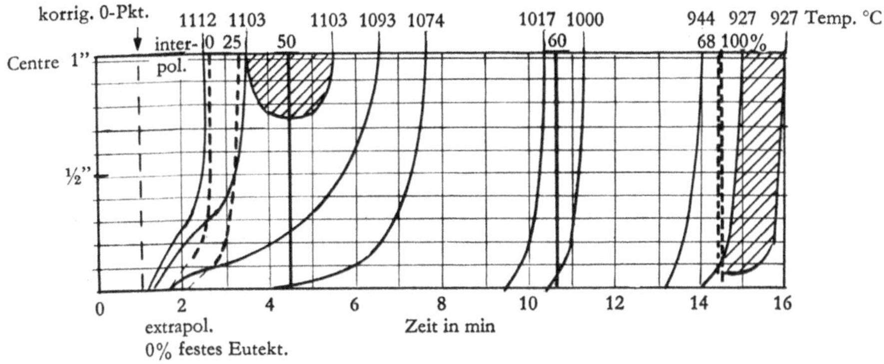
korrig. 0-Pkt.
1112 1103
inter- 0 25
pol.
1103 1093 1074
50
1017 1000
60
944 927 927 Temp. °C
68 100%
Centre 1"
½"
0 2 4 6 8 10 12 14 16
extrapol.
0% festes Eutekt.
Zeit in min

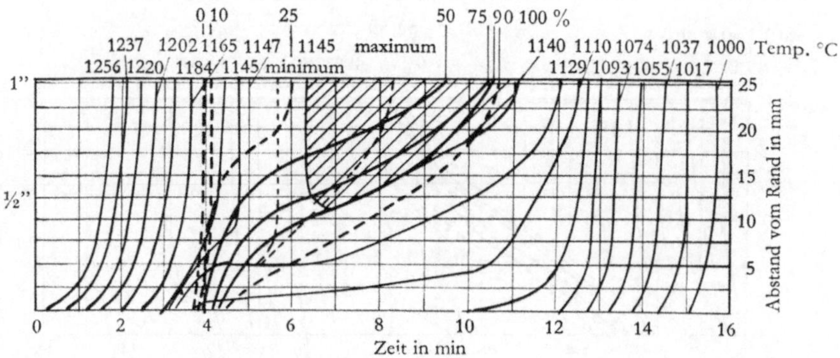

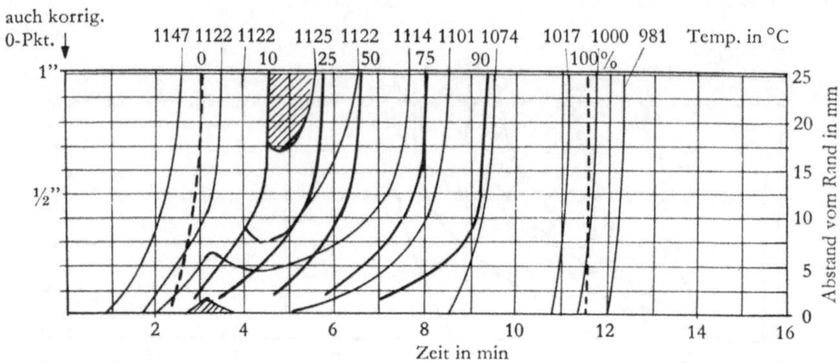

Abb. 3 Erstarrungsschaubilder mit Isoeutektikalen (Linien gleichen Anteils an festem Eutektikum) fünf verschiedener Gußeisen nach I. C. H. Hughes und Mitarbeitern [20, 22]

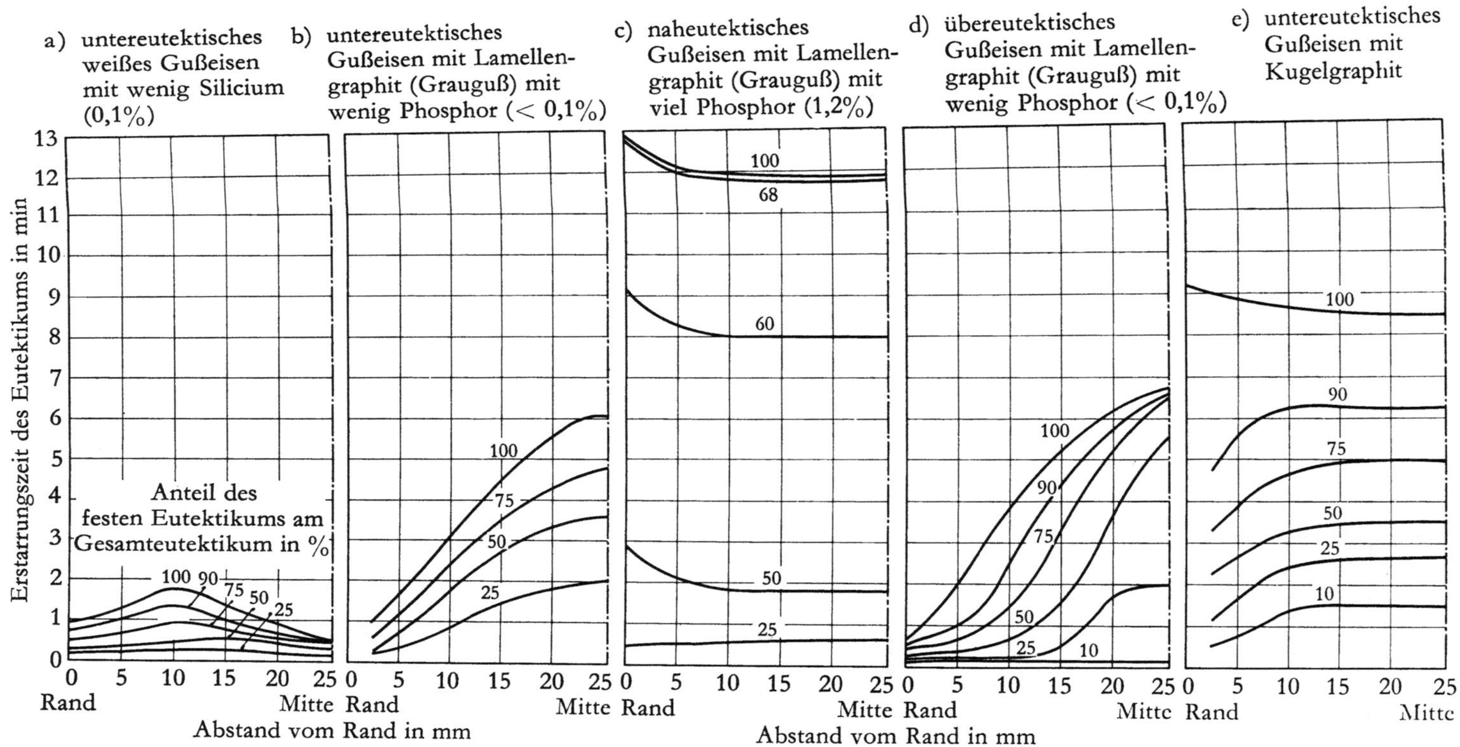

Abb. 4 Erstarrungszeit des Eutektikums fünf verschiedener Gußeisen
Auswertung der von I. C. H. Hughes und Mitarbeitern [20, 22] aufgestellten Erstarrungsschaubilder für Proben mit 2″ = 50,8 mm Dmr., siehe Abb. 3

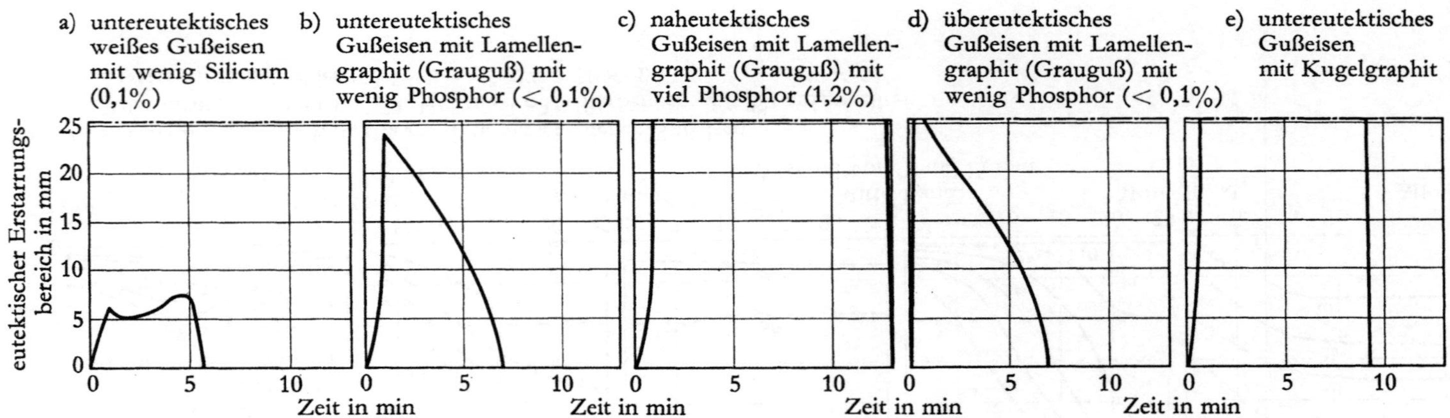

Abb. 5 Größe des eutektischen Erstarrungsbereichs fünf verschiedener Gußeisen im Verlauf der Erstarrung
Auswertung der von I. C. H. HUGHES und Mitarbeitern [20, 22] aufgestellten Erstarrungsschaubilder für Proben mit 2″ = 50,8 mm Dmr., siehe Abb. 3.

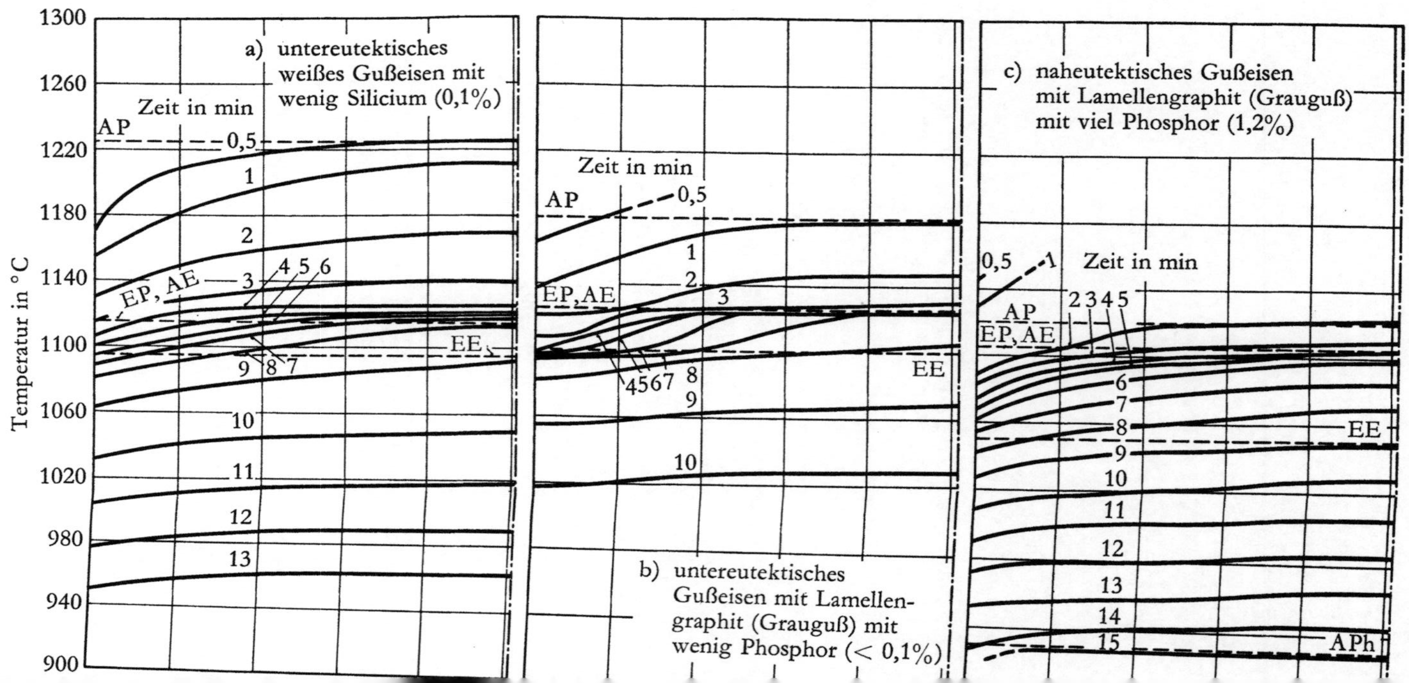
Temperatur in °C
1300
1260
1220
1180
1140
1100
1060
1020
980
940
900
a) untereutektisches weißes Gußeisen mit wenig Silicium (0,1%)
Zeit in min
AP
0,5
1
2
3
4 5 6
EP, AE
EE
9 8 7
10
11
12
13
b) untereutektisches Gußeisen mit Lamellengraphit (Grauguß) mit wenig Phosphor (< 0,1%)
Zeit in min
AP
0,5
1
2
3
EP, AE
4567
8
9
EE
10
c) naheutektisches Gußeisen mit Lamellengraphit (Grauguß) mit viel Phosphor (1,2%)
Zeit in min
0,5
1
2 3 4 5
AP
EP, AE
6
7
8
EE
9
10
11
12
13
14
15
APh

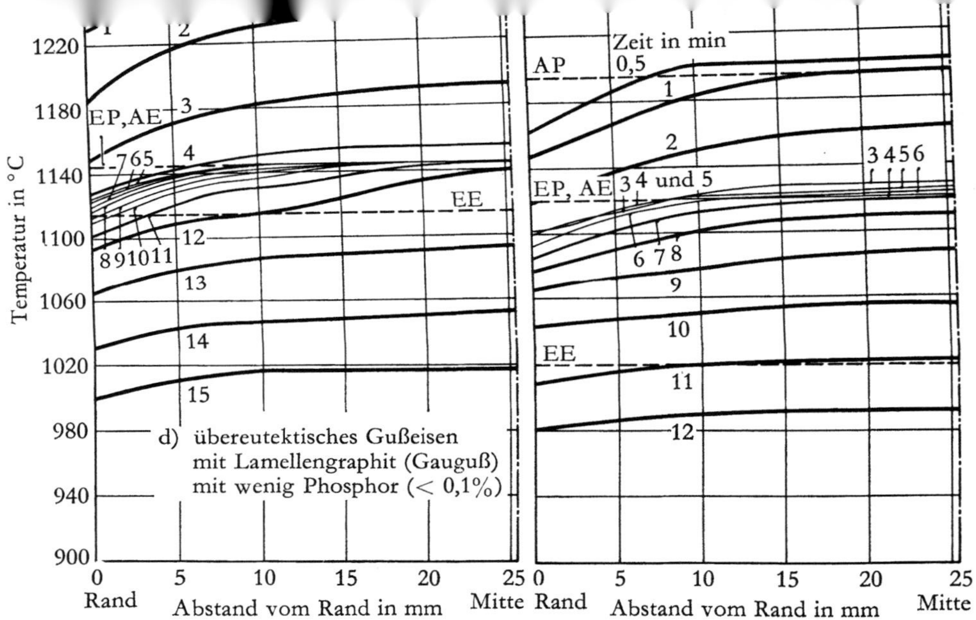

AP = Anfang der Primärerstarrung

EP = Ende der Primärerstarrung

AE = Anfang der eutektischen Erstarrung

EE = Ende der eutektischen Erstarrung

AP1 = Anfang der Erstarrung des ternären Phosphideutektikums

EPh = Ende der Erstarrung des ternären Phosphideutektikums

Abb. 6 Temperaturverteilung beim Erstarren fünf verschiedener Gußeisen
Auswertung der von I. C. H. HUGHES und Mitarbeitern [20, 22] aufgestellten Erstarrungsschaubilder für Proben mit 2″ = 50,8 mm Dmr., siehe Abb. 3

2.2.1.3 Naheutektisches Gußeisen mit Lamellengraphit (Grauguß) mit hohem Phosphorgehalt (1,2%)

Die eutektische Erstarrung setzt, ähnlich wie bei grauem Gußeisen mit niedrigem Phosphorgehalt, in Probenmitte nur unwesentlich später als am Rand ein (Abb. 3c). Dann aber wachsen die eutektischen Zellen auf dem gesamten Querschnitt fast gleichmäßig. Die Erstarrung ist am Rand kaum früher beendet als im Kern, die eutektischen Erstarrungszeiten sind praktisch gleich (Abb. 4c). Die Größe des eutektischen Erstarrungsbereichs ist überwiegend identisch mit dem Probendurchmesser (Abb. 5c).

Etwa die Hälfte des Eutektikums erstarrt verhältnismäßig rasch (in 2–3 min, Abb. 4c) zwischen 1110 und 1070° C. Die Restschmelze bleibt sehr lang (weitere 10 min) flüssig. Der Anteil des festen Eutektikums steigt dabei nur um knapp 20%. Bei etwa 925° C kristallisiert in kurzer Zeit und rasch vom Rand zur Mitte fortschreitend das ternäre Phosphideutektikum.

Nach den Beobachtungen von J. H. Gittus und I. C. H. Hughes [22] ist die Zahl der eutektischen Zellen bei hochphosphorhaltigem Eisen größer als bei Gußeisen mit niedrigem Phosphorgehalt. Kleinere Zellen und ausgedehnterer Erstarrungsbereich, besonders in einem größeren Temperaturintervall, bedeuten erhöhte Speiseschwierigkeiten. Sowohl die Restschmelze als auch vom Speiser nachgelieferte Schmelze können nur über enge Transportwege den Austenit erreichen und dessen Volumenkontraktion ausgleichen. Die Gefahr gleichmäßig verteilter Mikroporosität ist unter diesen Voraussetzungen groß.

2.2.1.4 Übereutektisches Gußeisen mit Lamellengraphit (Grauguß) mit niedrigem Phosphorgehalt $<$ (0,1%)

Als primäre Phase tritt übereutektischer Graphit (Garschaumgraphit) auf, der im Gefüge deutlich sichtbar ist. Die eutektische Erstarrung (Abb. 3d) verläuft ähnlich wie bei untereutektischem Gußeisen mit niedrigem Phosphorgehalt. Die Keimbildung des Graphits und damit die der eutektischen Zellen setzt ohne nennenswerten zeitlichen Unterschied über den gesamten Querschnitt ein. In Randnähe wachsen die Zellen stärker als in Probenmitte und bilden eine feste Randschale, deren Dicke zum Kern hin kontinuierlich zunimmt. Das vollständige Erstarren des Eutektikums dauert im Kern etwa zehnmal so lange wie am Rand (Abb. 4d). Der eutektische Erstarrungsbereich wird mit zunehmender Zeit meist kleiner (Abb. 5d).

Die Volumenzunahme bei der Kristallisation des eutektischen Graphits sollte genügen, um die Kontraktion der eutektischen γ-Mischkristalle auszugleichen.

2.2.1.5 Untereutektisches Gußeisen mit Kugelgraphit

Die eutektische Erstarrung beginnt an zahlreichen Punkten im gesamten Querschnitt fast gleichzeitig (Abb. 3e), ähnlich wie bei Gußeisen mit Lamellengraphit. Kugeliger Graphit und eutektischer Austenit bilden eutektische Zellen. Die Erstarrung läuft aber, nach anfänglicher Ähnlichkeit, zunehmend langsamer ab als bei Gußeisen mit Lamellengraphit (Grauguß).

Diese Ergebnisse deuten auf einen vergleichbaren Entstehungsmechanismus: Sowohl lamellarer als auch kugeliger Graphit kristallisieren bevorzugt unmittelbar aus der Schmelze. Während die Lamellenspitzen ständig Kontakt mit der Restschmelze behalten, hemmt die eutektische Austenitschale, die den Kugelgraphit umgibt, das Nachdiffundieren des Kohlenstoffs aus der Schmelze. Die letzten Anteile des Eutektikums kristallisieren ausgesprochen träge.
Die Erstarrung eilt zuerst am Rand gegenüber der Mitte vor (Abb. 4e) und zeigt hierin ebenfalls Ähnlichkeit mit niedrigphosphorhaltigem grauem Gußeisen (vgl. Abb. 4b und d). Der Abschluß der Erstarrung erfolgt aber im gesamten Querschnitt fast gleichzeitig, wie auch bei hochphosphorhaltigem grauem Gußeisen (vgl. Abb. 4c) zu beobachten war. Abweichend von grauem Gußeisen mit hohem Phosphorgehalt und Lamellengraphit endet die eutektische Erstarrung von Gußeisen mit Kugelgraphit bei höherer Temperatur und nach kürzerer Zeit, da kein niedrigschmelzendes ternäres Phosphideutektikum vorliegt. Weil der eutektische Erstarrungsbereich des Gußeisens mit Kugelgraphit überwiegend die gesamte Probe umfaßt (Abb. 5e), muß mit größeren Speiseschwierigkeiten gerechnet werden.
Die Temperaturverteilung von Gußeisen mit Kugelgraphit (Abb. 6e) gleicht derjenigen von hochphosphorhaltigem Gußeisen mit Lamellengraphit (Abb. 6c). Sie hebt sich deutlich von der Temperaturverteilung in niedrigphosphorhaltigem unter- und übereutektischem Gußeisen mit Lamellengraphit (Abb. 6b und d) ab.

Die aus den Abkühlkurven nach dem Wendepunktverfahren von W. Patterson, S. Engler und G. Dietz [25] ermittelten Zeiten für Anfang und Ende der eutektischen Kristallisation stimmen bei untereutektischem Gußeisen mit Kugelgraphit ausgezeichnet mit den Erstarrungskurven aus Abschreckversuchen überein (Abb. 7e). Bei den anderen vier Werkstoffen (Abb. 7a–d) treten teilweise Unterschiede auf.

2.2.2 Folgerungen

2.2.2.1 Erstarrungsablauf und Fremdteilchenzustand

Eine systematische Auswertung von Literaturmitteilungen [20, 22] über die Erstarrungsvorgänge fünf typischer Gußlegierungen zeigte, daß die Erstarrung unterschiedlich verläuft. Die Art des Erstarrungsablaufs einer Legierung zählt zu ihren spezifischen Merkmalen. Der Erstarrungsablauf ist offensichtlich nicht allein durch den Konstitutionstyp der Legierung zu erklären. Vielmehr kann angenommen werden, daß die Keimbildung stark vom Fremdteilchenzustand der Schmelze beherrscht wird. Der Erstarrungsablauf seinerseits beeinflußt nach W. Patterson und S. Engler [26] das Speiseverhalten und die Fehleranfälligkeit.

Bei weißem Gußeisen kristallisiert das normale Ledeburiteutektikum von außen nach innen »gerichtet«, d. h. die Kristallisation setzt bevorzugt an der Grenzfläche Schmelze/Formstoff ein und schreitet unter Bildung einer festen Randschale zur Mitte fort. Dieser Mechanismus deutet auf eine keimarme Schmelze und bestätigt die »klassische« Schmelzvorschrift zur Herstellung von weißem Gußeisen

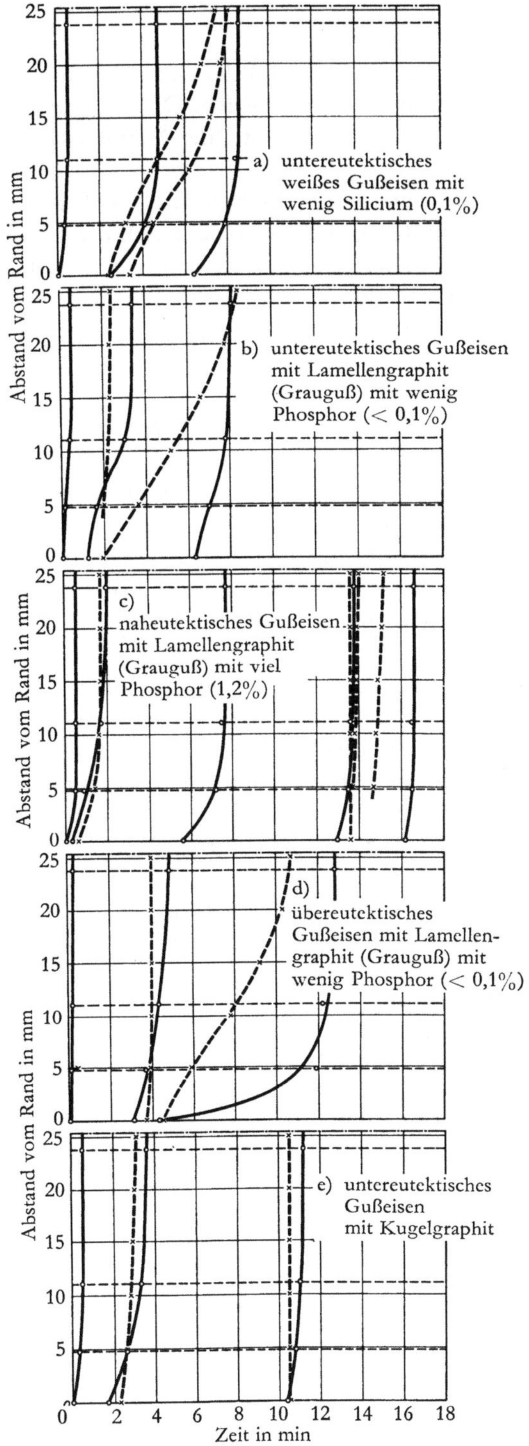

Abb. 7 Vergleich der Erstarrungskurven aus den Abkühlkurven und nach Abschreckversuchen

Auswertung der von I. C. H. HUGHES und Mitarbeitern [20, 22] erhaltenen Ergebnisse

——— =

(Temperrohguß, Hartguß). Nach ihr soll die Schmelze möglichst keimarm sein, um die Graphitkristallisation zu unterdrücken. Diesem Leitsatz folgt die gesamte Schmelzführung, auch die Nachbehandlung der Schmelze im Ofen, in der Rinne oder in der Pfanne.

Doch ergaben die Ausführungen in Abschnitt 2.1.3, daß unter bestimmten Voraussetzungen auch Keimbildung im Innern der Schmelze eintreten kann, ohne gleichzeitige Gefahr der Grauerstarrung. Die dann ablaufende Kristallisation des metastabilen Eutektikums unterscheidet sich von der normalen Ledeburitkristallisation u. a. darin, daß eine stärkere Unterkühlung zu beobachten ist und daß die eutektischen Partner Austenit und Zementit weniger gekoppelt kristallisieren.

Man hat demnach zu unterscheiden zwischen Schmelzen, deren Fremdteilchenreichtum die Graphitkristallisation und damit die Kristallisation der stabilen eutektischen Zellen auslöst und solchen, deren Fremdteilchenmenge zu zahlreichen metastabilen Zellen führt. Die bekannte Forderung nach einer »keimarmen« Schmelze ist daher nur eine Vorsichtsmaßnahme, die durch die tägliche Erfahrung begründet ist und ihre praktische Berechtigung behalten wird, die aber an der Beobachtung vorbeigeht, daß Keimzahl und Keimart verschiedene Größen sind. Fremdteilchen, die den Kristallisationsvorgang des metastabilen Eutektikums »katalysieren«, dürfen in größerer Zahl vorhanden sein, wie das Eutektikum des »anomalen« metastabilen Gefüges beweist. Da dieses Gefüge z. B. nach kräftigem Überhitzen auftritt, ist zu vermuten, daß die anfänglich vorhandenen Fremdteilchen durch das Überhitzen aufgelöst und beim Abkühlen in vermehrter Zahl ausgefällt werden, ohne daß sich ihre Natur geändert hat. W. Oelsen, K. Roesch und K. Orths [27] haben ähnliche Zusammenhänge an sauer erschmolzenem grauem Gußeisen gefunden und als wahrscheinliche Fremdteilchensubstanz Kieselsäure angenommen. Deren Entstehen erklärten die Verfasser mit den auf Gußeisen übertragbaren Gesetzmäßigkeiten der Tiegelstahlreaktion (Wechselwirkung der Elemente Silicium, Kohlenstoff und Sauerstoff, z. B. Reduktion der Kieselsäure durch Kohlenstoff).

Diese Überlegungen zeigen, wie sehr Art und Zahl der Fremdteilchen die Kristallisation technischer Schmelzen beeinflussen. Vermehrte Ausscheidung beim Abkühlen bedeutet wahrscheinlich spontane Keimbildung der Fremdteilchen. Offensichtlich haben hiernach die Gesetze der *homogenen Keimbildung* vorwiegend für das Entstehen der *Fremdteilchen* Bedeutung, während für die Kristallisation der *Hauptphasen* an den Fremdteilchen in erster Linie die Gesetze der *heterogenen Keimbildung* gelten werden. Die durch homogene Keimbildung entstandenen Fremdteilchen lösen die heterogene Keimbildung der metallischen Hauptphasen aus.

2.2.2.2 Einfluß der primären und der eutektischen Erstarrung auf das Speisevermögen

Untereutektische Gußeisenlegierungen enthalten außer Eutektikum Primäraustenit, dessen Volumenschrumpfung beim Erstarren und weiteren Abkühlen ausgeglichen werden muß. Dies geschieht durch nachfließende Schmelze vom

Gußstück selbst her (Selbstspeisung [23, 24]) oder durch den Speiser. Selbstspeisung tritt in der Regel bei grauem Gußeisen mit Lamellengraphit stark, bei Gußeisen mit Kugelgraphit schwach und bei weißem Gußeisen überhaupt nicht auf. Neben der Struktur des Eutektikums, die für die fünf Legierungen erläutert wurde, wird die Kristallisationsform des Primäraustenits das Speiseverhalten nachhaltig beeinflussen können. Das tatsächliche Speiseverhalten im eutektischen Bereich ergibt sich im wesentlichen aus der Wechselwirkung der Gefügebestandteile Primärphase und Eutektikum sowie aus der Zugehörigkeit des Eutektikums zum metastabilen oder stabilen System. Der Einfluß unterschiedlicher Kristallisationsformen des Austenits auf die Beweglichkeit der Restschmelze wird um so stärker zutage treten, je günstiger vom Eutektikum her die Voraussetzungen für das Nachspeisen sind. Der Einfluß des Primäraustenits nimmt demnach zu etwa in der Reihenfolge Gußeisen mit Kugelgraphit, (praktisch gleichrangig) hochphosphorhaltiges Gußeisen mit Lamellengraphit, dann niedrigphosphorhaltiges Gußeisen mit Lamellengraphit, weißes Gußeisen mit anomalem Ledeburiteutektikum, weißes Gußeisen mit normalem Ledeburiteutektikum.
Umgekehrt wird die Kristallisationsform des Primäraustenits für das Speisehalten im eutektischen Bereich um so mehr an Bedeutung verlieren, je stärker das Eutektikum den Schmelztransport behindert. Im Einzelfall ist zu fragen:

An welchen Phasen tritt das Volumendefizit auf?
Wie kristallisieren die beteiligten Phasen?
Ist Selbstspeisen möglich oder nicht?
Kann im Bedarfsfall durch den Speiser nachgespeist werden?
Wie beeinflußt die Kristallisationsform der Primärphase das innere oder äußere Nachspeisen?

Die verschiedenen Möglichkeiten wurden erörtert. Dabei zeigte sich, daß der Erstarrungsablauf und die Kristallisationsform des Eutektikums teilweise gut bekannt sind, dagegen Erstarrungsablauf und Kristallisationsform des Primäraustenits trotz ihrer Bedeutung nur wenig. Der Einfluß der Primärphase auf das Speiseverhalten wird im Gebiet der reinen Primärerstarrung besonders ausgeprägt sein. Im eutektischen Erstarrungsbereich überlagern sich die Wirkungen der primären und der eutektischen Phasen. Hier kann erwartet werden, daß die Volumenkontraktion der primären und der eutektischen γ-Mischkristalle um so leichter durch die Schmelze ausgeglichen wird, je beweglicher die Schmelze bleibt, d. h. je weniger sie örtlich abgeschnürt wird. Dies ist der Fall bei geringem Anteil und günstiger Kristallisationsform des Austenits, bei selbstspeisendem Eutektikum und bei Legierungen, die zum Aufbau einer festen Randschale neigen.

2.2.2.3 Erstarrungstyp und mechanische Eigenschaften

Die Folgerungen zu Abschnitt 2.1.3 zeigten, daß die Kristallisationsform des Primäraustenits bei Gußeisen mit Lamellengraphit (Grauguß) die mechanischen Eigenschaften durch Verklammern der eutektischen Zellen mitbestimmen kann. Ähnliche Vorstellungen werden für ungeglühtes Gußeisen mit Kugelgraphit und für den Gußzustand weiß erstarrter Legierungen zutreffen. Dies ist besonders bei

Werkstoffen mit anomalem metastabilen Eutektikum zu erwarten, weil dessen Austenit–Zementit-Zellen meist endogen kristallisieren.

Wie der Hauptteil dieser Arbeit zeigen wird, kristallisiert der Primäraustenit bei hoher Gießtemperatur bevorzugt exogen. Da das anomale Ledeburiteutektikum u. a. bei höherer Gießtemperatur entsteht, ist nicht ausgeschlossen, daß die austenitische Primärphase exogen erstarrte. Unterschiedliche Abkühlbedingungen an verschiedenen Stellen derselben Form könnten ähnlich wirken. Die Verklammerung der endogenen Zellen des metastabilen Eutektikums durch exogenen Primäraustenit erklärt vielleicht teilweise, warum W. J. Williams [14] bei anomalem Ledeburiteutektikum höhere Festigkeitswerte des weißen Gußeisens beobachtete als bei normalem Ledeburiteutektikum. Die zweite Ursache wird das feinere und gleichmäßiger verteilte eutektische Korn sein.

Bei grauem Gußeisen muß zusätzlich geprüft werden, ob die Maßnahmen zur Verbesserung der eutektischen Kristallisation, z. B. Überhitzen und Impfen, auch die Primärkristallisation beeinflussen. Die Temperatur–Zeit-Führung wirkt sich stark auf die Primärkristallisation aus, wie die eigenen Versuche an Temperrohguß zeigen (Abschnitt 5.2.4) und Versuche an Grauguß [19] bestätigen. Impfen mit Calcium–Silicium dagegen beeinflußt den Primäraustenit nach Beobachtungen an induktiv erschmolzenem Gußeisen [28] nur schwach. Einen Beitrag zur Wirkung anderer Impfstoffe auf das Erstarrungsverhalten des Primäraustenits liefert Abschnitt 5.2.5 der vorliegenden Arbeit.

P. von der Forst und R. Dobbener [29] stellten Zusammenhänge zwischen dem Erstarrungstyp von Temperrohguß und den Eigenschaften des geglühten Gusses fest. Exogenes Primärgefüge bewirkte zeilige Temperkohleabscheidung. Bruchdehnung und Schlagbiegezähigkeit waren daher geringer als bei Proben mit endogenem Primärgefüge.

2.2.2.4 Möglichkeiten und Grenzen der gerichteten Erstarrung

Eine kritische Betrachtung des Erstarrungsablaufs führt zu dem Schluß, daß alle äußeren Maßnahmen zur Beeinflussung des Erstarrungsablaufs das legierungsspezifische Erstarrungsverhalten berücksichtigen müssen. Eine von der Endzone zur Speiserzone gerichtete Erstarrung sollte nur dann durch äußere Vorkehrungen angestrebt und gefördert werden, wenn die Legierung diesem Erstarrungsablauf entgegenkommt, z. B. bei der Kristallisation des normalen Ledeburiteutektikums in weißem Gußeisen. Auch bei niedrigphosphorhaltigem Gußeisen mit Lamellengraphit verspricht diese Methode Erfolg, allgemein bei Legierungen, die zum Aufbau einer festen Randschale neigen. Dagegen können die gleichen Maßnahmen bei Schmelzen, die auf dem ganzen Querschnitt nahezu einheitlich kristallisieren, zu großen Schwierigkeiten führen, etwa bei weißem Gußeisen mit anomalem Ledeburiteutektikum, bei hochphosphorhaltigem Gußeisen mit Lamellengraphit und bei Gußeisen mit Kugelgraphit. Unter Umständen entsteht in der Gußstückmitte ein größeres Volumendefizit, das wegen zu enger oder zu verschlungener Schmelztransportwege nicht ausgeglichen werden kann. Das gezielte Beeinflussen der Erstarrungsvorgänge setzt daher eine genaue Kenntnis des legierungsbedingten Kristallisationsablaufs voraus.

2.2.2.5 Aufgaben

Aus der Vielzahl unbeantworteter Fragen hebt sich als dringendes Teilproblem heraus, die Kristallisation des Primäraustenits näher zu untersuchen. Die vorliegende Arbeit soll zur Lösung dieser Aufgabe beitragen. Am Beispiel des Tempergusses werden die Zusammenhänge zwischen den Versuchsbedingungen (Rohstoffe, Schmelzführung, Schmelzbehandlung) und der Kristallisationsform des Primäraustenits qualitativ und quantitativ untersucht. An Hand einer grundlegenden Arbeit von W. PATTERSON und S. ENGLER [26] über den Erstarrungsablauf sind Folgerungen über das Speiseverhalten und die Aufteilung des Volumendefizits zu entwickeln. Weiter soll gedanklich geprüft werden, ob und in welcher Weise die Kristallisationsform des Primäraustenits die Warmrißbildung beeinflußt. Abschließend wird erläutert, wie die Festigkeit von grauem und weißem Gußeisen über den Erstarrungstyp gesteigert werden kann.

3. Grundbegriffe der Kristallisation und des Erstarrungsablaufs

Abschnitt 2.1.3 und 2.2.1 zeigten, wie vielgestaltig die Erstarrungsvorgänge und Erstarrungsformen sein können. Dieser Formenreichtum verlangt eine Ordnung.

3.1 Systematik der Erstarrungstypen

Abb. 8 zeigt schematisch die vier Grundformen der Kristallisation nach W. PATTERSON und S. ENGLER [26]. Exogene Kristallisation (Abb. 8a und b) bedeutet: Keimbildung an der Grenzfläche Formstoff/Schmelze und Kristallwachstum vom Rand zur Mitte des Gußstücks. Morphologisch überwiegt das Kristallwachstum gegenüber der Keimbildung. Endogene Kristallisation (Abb. 8c und d) bedeutet: Keimbildung bevorzugt im Innern der Schmelze und Kristallwachstum im gesamten Querschnitt des Gußstücks. Morphologisch überwiegt die Keimbildung gegenüber dem Kristallwachstum.

Abb. 9 zeigt schematisch die Grundformen des Erstarrungsablaufs, ebenfalls nach W. PATTERSON und S. ENGLER [26]. Die Begriffe breiartig und schalenbildend werden hier durch kompakte Wachstumsformen erläutert (B 1 = kompakt-breiartig, B 2 = kompakt-schalenbildend), gelten zweifellos aber auch für dendritische Wachstumsformen (Abb. 10).

Eine kritische Durchsicht neuerer Grundlagenarbeiten zum Erstarren von Gußlegierungen [23, 24, 26], zusammen mit Erkenntnissen einer Literaturauswertung über die Kristallisation des metastabilen Eutektikums (Abschnitt 2.1.3) und über den Erstarrungsablauf von weißem und grauem Gußeisen (Abschnitt 2.2.1) sowie eigene Gefügebeobachtungen [1] führten zu dem Schluß, daß eine verbesserte Systematik der Erstarrungstypen sich möglichst eng an die von W. PATTERSON und S. ENGLER [26] vorgeschlagenen vier Grundbegriffspaare (Abb. 8) anlehnen

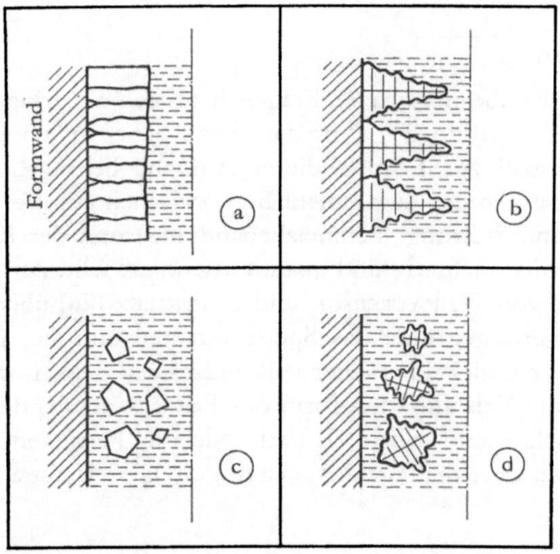

Abb. 8 Grundformen der Kristallisation (schematisch) nach W. PATTERSON und S. ENGLER [26]

a) exogen-kompakt
b) exogen-dendritisch
c) endogen-kompakt
d) endogen-dendritisch

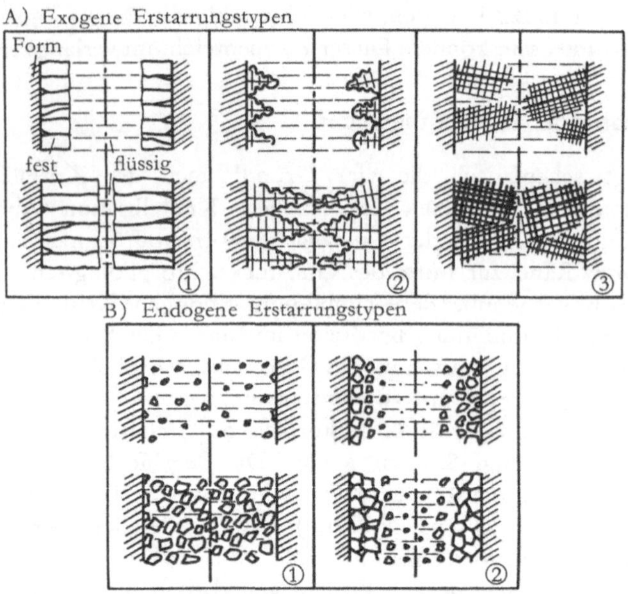

Abb. 9 Grundformen des Erstarrungsablaufs (schematisch) nach W. PATTERSON und S. ENGLER [26]

A) Exogene Erstarrungstypen
1. glattwandige Erstarrung
2. rauhwandige Erstarrung
3. schwammartige Erstarrung

B) Endogene Erstarrungstypen
1. breiartige Erstarrung
2. schalenbildende Erstarrung

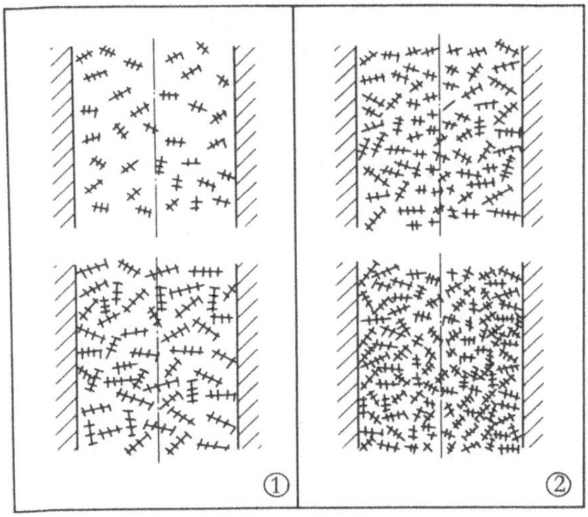

1 = dendritisch – breiartig
2 = dendritisch – schalenbildend

Abb. 10 Ergänzung der endogenen Erstarrungstypen von Abb. 9, Gruppe B, durch dendritische Wachstumsformen

Abb. 11 Systematik der Erstarrungstypen

Dachbegriff	Erstarrungstyp							
Kristallisation	exogen				endogen			
Gestalt der Kristalle	kompakt		dendritisch		kompakt		dendritisch	
	glattwandig	rauhwandig	rauhwandig	netzartig	breiartig	schalenbildend	breiartig	schalenbildend
Bezeichnung	exogen kompakt glattwandig	exogen kompakt rauhvandig	exogen dendritisch rauhwandig	exogen dendritisch netzartig	endogen kompakt breiartig	endogen kompakt schalenbildend	endogen dendritisch breiartig	endogen dendritisch schalenbildend
Beispiele	reine Metalle; eutektische Legierungen	bestimmte eutektische Legierungen, z. B. normales Ledeburiteutektikum	einphasige Legierungen (Mischkristalle); Mehrzahl der technisch »reinen« Metalle		reine Metalle; eutektische Legierungen		einphasige Legierungen (Mischkristalle)	

und durch bildhafte Zusätze ergänzt werden sollte. Nach der Art der Kristallisation (exogen, endogen) und der Gestalt der Kristalle (kompakt, dendritisch) kann daher ein Schema entworfen werden (Abb. 11), das die Vielzahl der Erstarrungstypen nach Gruppen ordnet.

Mehrphasige Legierungen sind als Kombination einphasiger Legierungen zu behandeln und damit auf die gleichen Grundformen wie in Abb. 11 zurückzuführen. Als Beispiel sollen die in Abschnitt 2.2.1 erläuterten Legierungen eingestuft werden:

a) Untereutektisches weißes Gußeisen mit niedrigem Siliciumgehalt (0,1%):

Primäraustenit: exogen-dendritisch oder endogen-dendritisch mit allen Spielarten zwischen rauhwandig (aber mit verhältnismäßig feinen Dendriten), netzartig und breiartig, vielleicht auch schalenbildend. Die eigenen Untersuchungen zeigen, daß häufig als besondere Art der Schalenbildung eine kombiniert exogen-endogene dendritische Erstarrung zu beobachten ist. Dabei können z. B. exogener *und* endogener Teil netzartig kristallisiert sein (Dendritennetze, -bündel, -pakete).
Eutektikum (normales Ledeburiteutektikum = normales Austenit–Zementit-Eutektikum): exogen-kompakt-schwachrauhwandig (eutektische Zellen mit kleinem eutektischem Erstarrungsbereich).

b) Untereutektisches Gußeisen mit Lamellengraphit (Grauguß) mit niedrigem Phosphorgehalt ($<$ 0,1%):

Primäraustenit: ähnlich a).
Eutektikum (anomales Austenit–Lamellengraphit-Eutektikum, eutektische Zellen): endogen-kompakt-schalenbildend.

c) Untereutektisches Gußeisen mit Lamellengraphit (Grauguß) mit hohem Phosphorgehalt (1,2%):

Primäraustenit: ähnlich a).
Eutektikum: Etwa zwei Drittel erstarren als binäres anomales Austenit–Lamellengraphit-Eutektikum (eutektische Zellen) endogen-kompakt-breiartig. Der Rest erstarrt bei etwa 925°C als ternäres Phosphideutektikum (Erstarrungstyp noch nicht eindeutig).

d) Übereutektisches Gußeisen mit Lamellengraphit (Grauguß) mit niedrigem Phosphorgehalt ($<$ 0,1%):

Primärgraphit: vermutlich endogen.
Eutektikum (anomales Austenit–Lamellengraphit-Eutektikum, eutektische Zellen): endogen-kompakt-schalenbildend (wie b).

e) Untereutektisches Gußeisen mit Kugelgraphit:

Primäraustenit: ähnlich a).
Eutektikum (anomales Austenit–Kugelgraphit-Eutektikum, eutektische Zellen): endogen-kompakt-breiartig.

Das anomale (plattenförmige) Austenit–Zementit-Eutektikum erstarrt, wie in Abschnitt 2.1.3 erläutert, endogen-kompakt-breiartig und neigt unter Umständen zu Schalenbildung.

3.2 Entwicklung von Richtreihen für die dendritische Erstarrung an Hand eigener Versuche

Abb. 11 ist ein Vorschlag für die qualitative Einteilung der Erstarrungstypen. Die Gefügebeobachtungen zeigten, daß eine quantitative Gliederung hinzukommen muß, wenn man die Ergebnisse systematischer Untersuchungen ordnen und Abhängigkeiten erkennen will. Am Beispiel des Temperrohgusses wurden daher Richtreihen für die dendritische Erstarrung des Primäraustenits entwickelt, die sich bewährt haben.

3.2.1 Richtreihe für den Erstarrungstyp

Grundgedanke der Richtreihe war, auch Übergänge zwischen der exogenen und endogenen Kristallisation zahlenmäßig einzustufen. Dem ersten Entwurf einer Richtreihe für dendritische Erstarrungstypen [30, 31] (Abb. 12) liegen Versuche über die Kristallisation von Temperrohguß zu Grunde. Typ 1 als Grenzfall exogener Erstarrung kennzeichnet Dendritenbündel, die am Rand entstanden und bis zur Mitte vorgewachsen sind. Typ 2 weist eine exogene Randzone mit Dendritenbündeln auf, während im Kern endogene Dendritenbündel vorliegen, zum Teil auch Einzeldendriten. In Typ 3 überwiegt die endogene Erstarrung, die Dendriten sind bündelförmig oder einzeln angeordnet. Typ 4 ist der Grenzfall rein endogener Erstarrung mit völlig regellosen Einzeldendriten.
Zur Orientierung reichte diese Gliederung aus, wie die weiteren Versuche bestätigten. Sie bewährte sich auch bei Betrachtungen zum Speiseverhalten [23, 24]. Doch ergab eine genaue Durchsicht der Gefügeaufnahmen, daß die Übergangsformen zwischen exogener und endogener Erstarrung noch stärker unterteilt werden sollten. Angestrebt wurde eine bessere Ordnungsgrundlage. Sonst wäre die Beurteilung primärer Einflüsse auf die Schmelze (Gattierung, Schmelzführung, Schmelzbehandlung) durch Unzulänglichkeiten der Auswertung erschwert worden.
Die auf sechs Grundtypen erweiterte Richtreihe zeigt Abb. 13. Die nach dieser Richtreihe gewonnenen Ergebnisse liegen der späteren Auswertung zu Grunde. Der Extremfall I bezeichnet die rein exogene, bis zur Probenmitte gebündelte Form der Dendriten, der Extremfall VI die rein endogene, über den gesamten Querschnitt ungebündelte Form der Dendriten. Die Formen II bis IV sind exogen-endogene Mischformen mit Dendritenbündeln, geordnet nach zunehmender Größe der endogenen Kernzone. Form V bezeichnet ein endogenes Gefüge mit Dendritenbündeln. Die benachbarte Extremform VI enthält statt der endogenen Bündel endogene Einzeldendriten und kann als völlig regelloser Typ bezeichnet werden.
Ist d der Durchmesser der endogenen Kernzone und D der Probendurchmesser, so lassen sich die Formen I bis VI in Stichworten durch Tafel 2 beschreiben. »Gebündelt« ist praktisch gleichbedeutend mit dem als Ersatz für »schwammartig« [23, 24, 26] vorgeschlagenen Begriff »netzartig« (vgl. Abb. 11). Während »netzartig« den vom mikroskopischen Bild herrührenden zweidimensionalen

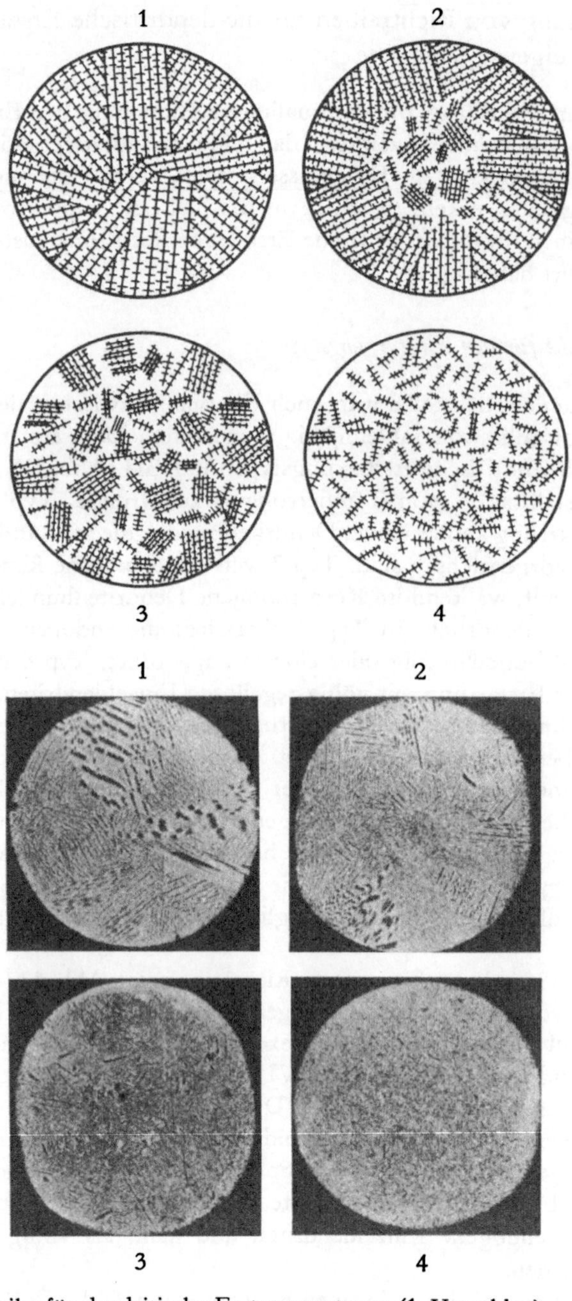

Abb. 12 Richtreihe für dendritische Erstarrungstypen (1. Vorschlag)

1. rein exogene Erstarrung, Dendritenbündel bis zum Kern
2. am Rand exogene, im Kern endogene Erstarrung; Dendritenbündel
3. vorwiegend endogene Erstarrung; Dendritenbündel und Einzeldendriten
4. rein endogene Erstarrung; völlig regellose Einzeldendriten

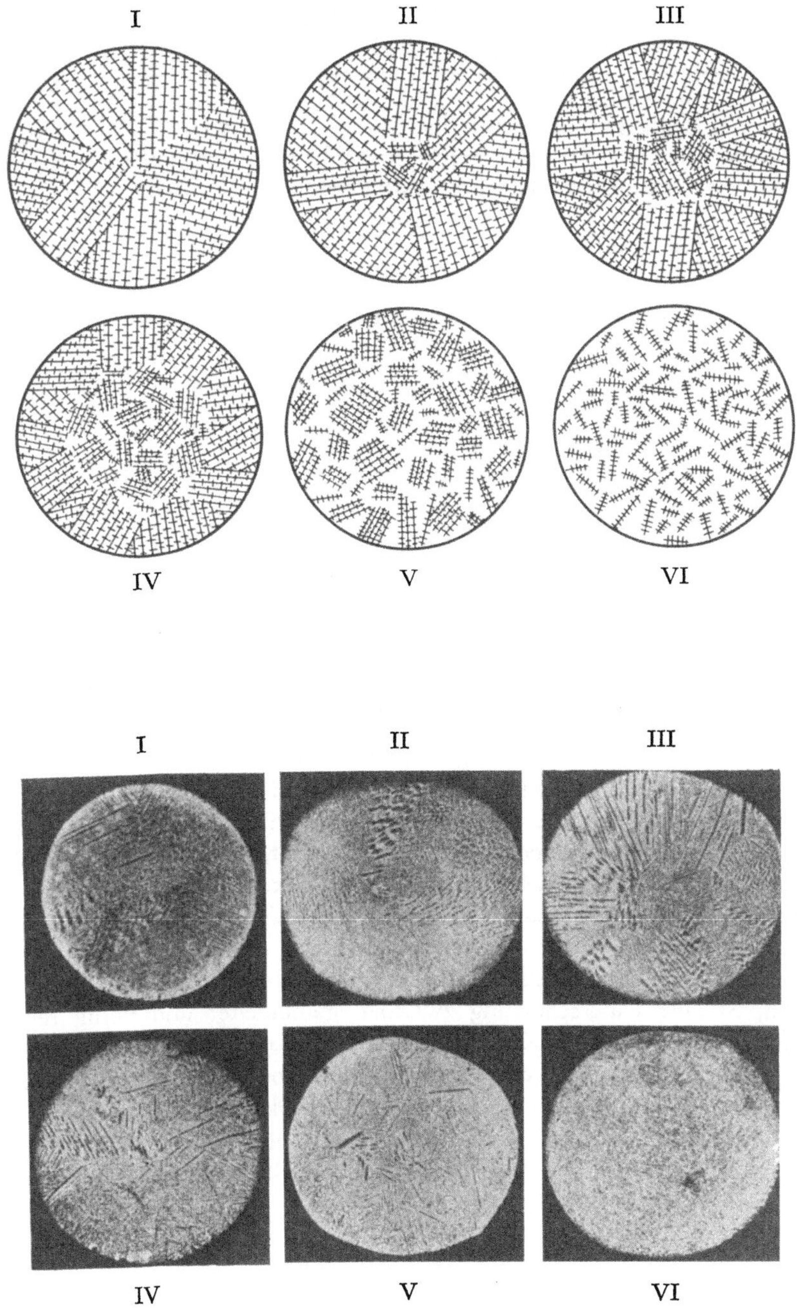

Abb. 13 Richtreihe für dendritische Erstarrungstypen (2. Vorschlag), vgl. Taf. 2

a) schematisch

b) Temperrohguß-Beispiele aus Reihe C (Probestäbe 15 mm Dmr.)

Tafel 2 *Richtreihe für die dendritischen Erstarrungstypen*
(zweiter Vorschlag, vgl. Abb. 13)

Form (Typ)	Beschreibung qualitativ	quantitativ*
I	rein exogen gebündelt bis zum Kern	$d = 0$
II	Rand exogen gebündelt, Kern endogen gebündelt	$0 \leqq d \leqq \frac{D}{4}$
III	Rand exogen gebündelt, Kern endogen gebündelt	$\frac{D}{4} \leqq d \leqq \frac{D}{2}$
IV	Rand exogen gebündelt, Kern endogen gebündelt	$\frac{D}{2} \leqq d \leqq \frac{3}{4} D$
V	rein endogen gebündelt (über gesamten Querschnitt)	$d = D$
VI	rein endogen ungebündelt (über gesamten Querschnitt) = regellos	$d = D$

* d = Durchmesser der endogenen Kernzone. D = Durchmesser der Probe.

Eindruck betont, weist »gebündelt« stärker auf das räumliche Wachstum hin. Der bisherige Begriff »schwammartig« förderte diese räumliche Vorstellung ebenfalls, drückte aber nicht aus, daß die Dendriten innerhalb oft makroskopischer Bereiche (Primäraustenitbündel) orientiert gewachsen sind.
Die in Abb. 12a und 13a skizzierten Idealfälle sind in Abb. 12b und 13b durch Realbeispiele erläutert, die ein und demselben Schmelzprogramm (Reihe C) entnommen wurden. Man erkennt, daß nur vereinzelt, z. B. bei der letzten Probe, der Formtyp durch eine einzige Zahl (dort VI) gekennzeichnet werden kann. In den meisten Fällen ist ein Bereich anzugeben. Diese Art der Beurteilung erhöht die Aussagekraft, da die makroskopische Betrachtung ein besseres Gesamtschätzen ermöglicht. Weil die fließenden Übergänge durch einen Bereich ausgedrückt werden, ist eine Unterscheidung zwischen gebündelter und völlig regelloser endogener Kernzone bei gleicher exogener Randzone meist überflüssig. Sollten Gefüge auftreten, die nach der Verteilung der exogenen und endogenen Zone streng zwischen Typ II und IV eingeordnet werden können, die sich aber deutlich durch gebündelte und regellose Kernzonen unterscheiden, so kann die gebündelte Kernzone z. B. mit dem Zusatz gK, die ungebündelte Kernzone mit uK gekennzeichnet werden.

3.2.2 Richtreihe für die Dendritenlänge und die Bündeldicke

Bei gleichem Erstarrungstyp können Dendritenlänge und Bündeldicke unterschiedlich sein. Die Dendritenlänge z. B. ist ab Typ III unabhängig vom Erstarrungstyp. Daher wurden bei allen Proben die maximale Dendritenlänge und die maximale Bündeldicke mitbestimmt.

Die maximale Dendritenlänge ist bei Typ I und II indirekt vorgegeben, bei den mehr endogenen Typen III bis VI nicht mehr. Die theoretische Grenze dieser inneren Abhängigkeit liegt zwischen den Typen II und III, genau bei $d = D/3$ (d = Durchmesser der endogenen Kernzone, D = Probendurchmesser):

Typ II		Typ III
$0 \leqq d \leqq D/4$		$D/4 \leqq d \leqq D/2$
	$D/4 \leqq d = D/3 \leqq D/2$	
Typ II $\leqq$	theor. Grenze	$\leqq$ Typ III

Die maximale Dendritenlänge dient somit bei Typ I und II zur Kontrolle des Erstarrungstyps, bei den endogenen Formen III bis VI zur weiteren unabhängigen Kennzeichnung des Erstarrungstyps.

Die maximale Bündeldicke ermöglicht eine nähere Beschreibung der Typen I bis V. In den Fällen I bis IV geben die exogenen Randzonen meist den Ausschlag.

Gegen die Regel [32] wurden Richtreihenzahl und Länge in mm proportional und identisch angesetzt, um mit jeder Zahl sofort eine anschauliche und quantitative Vorstellung verbinden zu können. Nach diesem einfachen Prinzip wurden sowohl die maximale Dendritenlänge als auch die maximale Bündeldicke eingestuft. Das Messen mit Lineal kann auf der Mattscheibe, am projizierten Mikroskopbild oder am Bildabzug erfolgen. Für Abzüge haben sich Vergrößerungen von 4:1 und 5:1 bewährt; sie sind handlich und ermöglichen ein genaues und müheloses Auswerten. Als Anfangsstufe bewährte sich 0,5 mm, weil die endogenen Erstarrungstypen häufig sehr kurze Dendriten aufweisen, die durch 1 oder 0 bis 1 mm zu ungenau erfaßt würden. Zum Beispiel lassen sich jetzt 0 bis 0,5, 0,5 bis 1 und 1 mm gut unterscheiden. Die obere Grenze liegt nach den bisherigen Erfahrungen an Proben bis 18 mm Dmr. bei etwa 12 mm. Sie wird in Ausnahmefällen von der Bündeldicke erreicht. Die Dendritenlänge übersteigt kaum 10 mm.

3.2.3 Anwendungsbeispiele und Kritik

Jedes Primärgefüge wird nach Abschnitt 3.2.1 (Abb. 13 und Taf. 2) und Abschnitt 3.2.2 durch drei Zahlen beschrieben:

a) Erstarrungstyp,
b) maximale Dendritenlänge,
c) maximale Bündeldicke (Dicke der Dendritenbündel).

Als Beispiel sind in Tafel 3 die zur Erläuterung des ersten Entwurfs [30, 31] (Abb. 12) und des zweiten Entwurfs (Abb. 13) herangezogenen Proben ausgewertet.

Ein Vergleich mit den Aufnahmen zeigt, daß selbst die quantitative Beschreibung nur eine Näherungslösung sein kann. Daher wurden fast alle Proben photographiert. Um Beziehungen zwischen der Gefügeausbildung und den primären Einflußgrößen (Gattierung, Schmelzführung, Schmelzbehandlung) zu ermitteln, muß aber das qualitative Bild in Zahlen umgesetzt werden. Für diese Aufgabe sind die Richtreihen geeignet. Sie erleichtern auch die Verständigung zwischen mehreren Auswertern und ermöglichen eine Selbstkontrolle.

Tafel 3 Beispiele zur Anwendung der Richtreihen für die dendritische Erstarrung
Gefügeaufnahmen siehe erster Entwurf [30, 31] (Abb. 12) und zweiter Entwurf (Abb. 13) der Richtreihe für den Erstarrungstyp

Richtzahl	Probe			Durchmesser in mm	Ergebnisse der zusammenfassenden Auswertung nach Abschnitt 3.2.1 (Abb. 13, Taf. 2) und 3.2.2		
	Reihe	Schmelze	Abstich		Erstarrungstyp nach Abb. 13 und Taf. 2	maximale Dendritenlänge in mm	maximale Bündeldicke in mm
Erster Entwurf [30, 31] (Abb. 12)							
1	C	8	3	18	I bis IV	9	6
2	C	1	2	18	III bis IV	6	6
3	C	7	3	18	IV bis VI	3 bis 4	1 bis 2
4	C	4	2	18	VI	1	0
Zweiter Entwurf (Abb. 13)							
I	C	1	1	15	I bis III	8	6
II	C	1	2	15	I bis III	8	6
III	C	1	3	15	II bis IV	6 bis 7	3
IV	C	2	1	15	III bis VI	5 bis 6	2 bis 3
V	C	2	2	15	IV bis VI	3	1
VI	C	2	3	15	VI	0,5 bis 1	0

4. Versuche

Die eigenen Versuche konzentrieren sich auf das Erstarrungsverhalten des Primäraustenits, da der Primäraustenit bei Legierungen im Bereich 0,5–4,3% C (beziehungsweise im entsprechenden Bereich des Mehrstoffsystems) die erste aus der Schmelze ausgeschiedene feste Phase ist. Die Mehrzahl der technischen Eisen-Kohlenstoff-Legierungen liegt in diesem Bereich. Die Ergebnisse können gleichzeitig als Anhaltspunkte für das Kristallisieren des δ-Eisens in Stählen mit geringem Kohlenstoffgehalt dienen, ferner für das Erstarrungsverhalten von Mischkristallphasen anderer Legierungssysteme.

4.1 Ziele

Der praktische Teil dieser Arbeit soll dazu beitragen, die Kenntnisse über das Erstarrungsverhalten von Temperrohguß zu erweitern (vgl. Abschnitt 1).

Aus dem Aufgabenkreis der *Erstarrung* wird besonders die Kristallisation des Primäraustenits behandelt, weil sie nach Zeit und Temperatur den Vorrang vor der eutektischen Kristallisation hat und daher die Gesamtstruktur stark beeinflußt. Änderungen des Erstarrungstyps können die Ursache für Unterschiede des Speiseverhaltens, der Aufteilung des Volumendefizits und der Eigenschaften sein.
Die Fehleranfälligkeit hängt daher unmittelbar mit dem Erstarrungstyp zusammen, der sich auch unterhalb der Solidustemperatur auswirken kann. Bei weißem Gußeisen (Temperrohguß und Hartguß) steht das Problem der Warmrißneigung im Vordergrund. Um einer Lösung näherzukommen, sollen in dieser Arbeit die Erstarrungstypen qualitativ und quantitativ untersucht werden. Die grundlegenden Zusammenhänge wurden in Abschnitt 2 und 3 ausführlich erläutert.
Ferner soll für graues Gußeisen die Frage beantwortet werden, durch welche Maßnahmen exogener Primäraustenit zu erzielen ist, um die Festigkeit zu steigern. Eine Festigkeitszunahme durch strahlige Primärdendriten ist nach Abschnitt 2.1.3 und 2.2.2 ebenfalls bei ungeglühtem Gußeisen mit Kugelgraphit und bei weißem Gußeisen zu erwarten. Die ungekürzte Studie behandelt auch Zusammenhänge zwischen Primäraustenit- und Ledeburitkristallisation, die Graphitisierung in Dilatometer- und Betriebsversuchen, die mechanischen Eigenschaften der geglühten Proben sowie Beziehungen zwischen Rohguß- und Tempergußgefüge (Primär- und Sekundärgefüge).
Hier soll zunächst nur über das Temperrohgußgefüge berichtet werden. Um betriebsnah vorzugehen, wird an 43 Schmelzen mit etwa 120 Abstichen der Einfluß der Rohstoffe, der Schmelzführung und der Schmelzbehandlung untersucht. Die Ergebnisse wurden zum Teil in Abschnitt 3 verwendet. Die folgenden Abschnitte sind eine systematische Ergänzung und Auswertung.

4.2 Versuchsplan

4.2.1 Untersuchte Einfluß- und Zielgrößen

Eine Übersicht gibt Tafel 4. Die verwendeten Rohstoffe sind in Tafel 5 zusammengestellt. Außer den üblichen Roheisensorten wurden einige Sonderroheisen herangezogen. Der Kohlenstoffgehalt der zwölf Roheisen reicht von etwa 3,0 bis 4,5%, der Siliciumgehalt von 0 bis 4% (Abb. 14).

Tafel 4 Untersuchte Einfluß- und Zielgrößen

Untersuchte Einflußgrößen		
Rohstoffe:	Roheisen:	Art und Anteil
	Stahl:	Art und Anteil
	Kreislaufmaterial:	Anteil
Schmelzführung (Temperatur–Zeit-Verlauf):	Überhitzungstemperatur in °C: 1500, 1550, 1600	
	Überhitzungsdauer in min: 0, 15, 30, 45*	
	Abstehtemperatur in °C: 1400, 1450, 1500, 1550	
	Abstehdauer in min: 0, 15, 30, 45	
Schmelzbehandlung:	0,02 % Al; 0,003% B; 0,025% Bi	einzeln und gemeinsam
	S, Mn: planmäßig verändert	
Untersuchte Zielgrößen		
Rohgußgefüge:	Bruchaussehen	
	Primäraustenit:	Erstarrungstyp Dendritenlänge Bündeldicke
Gefüge nach dem Tempern**:	Temperkohle:	Anordnung Form Größe Zahl
	Grundmasse:	Ferrit-, Perlitanteil Korngröße
Graphitisierung im Dilatometerversuch**:	1. und 2. Glühstufe	
Mechanische Eigenschaften**:	Dehngrenzen Zugfestigkeit Bruchdehnung Härte Schlagbiegezähigkeit	

* Ausnahme Betriebsschmelze E: Haltezeit bis 200 min bei 1570 ± 10°C.
** Siehe Gesamtbericht über die Untersuchungen (Veröffentlichung geplant).

Tafel 5 Verwendete Rohstoffe

Bezeichnung	Beschreibung	Chemische Zusammensetzung in %						Verwendet in Teilprogramm (Buchstabe) und Schmelze (Ziffer) a)
		C	Si	Mn	S	P	weitere Eisenbegleiter	
Roheisen (vgl. Abb. 14)								
RE Ia	Temperroheisen, grau, Si niedrig b)	3,86	2,12	0,69	0,010	0,070	0,01 Cr 0,01 V 0,01 — 0,015 Ti 0,1 — 0,15 Cu 0,02 Co 0,03 Ni 0,01 Pb 0,01 — 0,02 As 0,01 Sb (für RE Ia bis V)	A1, 3; B5; D1 — 3
Ib	Temperroheisen, grau, Si niedrig b)	4,02	1,83	0,90	0,026	0,055		C1 — 9
II	Temperroheisen, grau, Si hoch b)	3,65	3,97	0,37	0,020	0,060		B7
III	Temperroheisen, meliert b)	3,98	0,72	0,38	0,040	0,070		B8, 14
IV	Temperroheisen, weiß b)	3,58	0,41	0,27	0,010	0,070		B9
V	Roheisen mit wenig C b)	2,88	1,76	0,69	0,022	0,070		B10
VIa	Mischereisen b)	4,13	2,22	0,63	0,098	0,110		A0, 2, 4, 11
VIb	Mischereisen b)	4,10	2,00	0,58	0,036	0,081		A5; B1
VII	Hämatit	4,18	2,80	0,81	0,014	0,12	0,56 V 0,27 Ti	A7, 13; B6, 13
VIII	V-Ti-haltiges Roheisen, grau	4,06	2,80	0,47	<0,025	<0,025	0,5 — 0,7 V 0,3 — 0,4 Ti	A8, 12; B4

Tafel 5 (Fortsetzung)

Bezeichnung	Beschreibung	Chemische Zusammensetzung in %						Verwendet in Teilprogramm (Buchstabe) und Schmelze (Ziffer) a)
		C	Si	Mn	S	P	weitere Eisenbegleiter	
Roheisen (Fortsetzung)								
RE IX a	thermisch nachbehandeltes Roheisen b)	3,62	2,98	0,77	0,019	0,067		A 9
IX b	thermisch nachbehandeltes Roheisen b)	3,66	2,89	0,57	0,030	0,080		B 2
X	Roheisen für Gußeisen mit Kugelgraphit, grau	4,15	2,00	0,18	0,010	0,056	0,009 Cr 0,008 V 0,058 Ti 0,042 Cu 0,015 As	A 6, 10; B 3
XI	Holzkohlen-Roheisen	3,70	0,26	0,17	0,014	0,020		B 11
XII	Roheisen mit sehr wenig Si	4,43	0,02	0,30	0,015	0,020		B 12
Stahl								
St I	SM-Stahl	0,11	0,15	0,45	0,029	0,025		A 0 bis 13; B 1 bis 14 c)
II	SM-Stahl	0,17	0,36	0,87	–	–		B 9 bis 14 c)
III	SM-Stahl	0,02	~ 0	0,34	0,017	0,020		C 4 bis 9
IV	SM-Stahl	0,17	0,03	0,25	0,027	0,046		D 1 bis 6
V	SM-Stahl	~ 0	~ 0	~ 0,3	~ 0	~ 0		E 1 bis 18

Tafel 5 (Fortsetzung)

Bezeichnung	Beschreibung	Chemische Zusammensetzung in %						Verwendet in Teilprogramm (Buchstabe) und Schmelze (Ziffer) a)
		C	Si	Mn	S	P	weitere Eisenbegleiter	
Kreislaufmaterial								
Klm Ia b)		2,30	1,48	0,45	0,15	< 0,08	< 0,05 Cr	D5, 6
Ib b)		2,50	1,45	0,45	0,12	< 0,08	< 0,05 Cr	E1 bis 18
Ferrolegierungen								
Ferrosilicium			96					B1 bis 14; C1 bis 3
			94					C4 bis 9; D2 bis 6
			75					E1 bis 18
Ferromangan				94 75				D2 bis 6 d) E1 bis 18
Ferrobor (Pfannenzusatz)							14 B 16 B	D1 bis 6 E7, 11, 15
Ferroschwefel (Pfannenzusatz)					33			D1 bis 5

Tafel 5 (Fortsetzung)

Bezeichnung	Beschreibung	Chemische Zusammensetzung in %						Verwendet in Teilprogramm (Buchstabe) und Schmelze (Ziffer) a)
		C	Si	Mn	S	P	weitere Eisenbegleiter	
Aufkohlmittel								
Elektrodenkohle								A 0, 3, 4, 6 bis 9, 11 bis 13; B 1 bis 14; C 1 bis 9; D 1 bis 6
Koks (Kupolofen als Vorschmelzofen)		~ 85						E 1 bis 18
Weitere Pfannenzusätze								
Aluminium	99,9% Al							D 1 bis 6; E 5, 11, 13, 15
Wismut	metallisch rein							D 1 bis 6; E 9, 13, 15

a) Ausnahme: bei Reihe E (1 Schmelze, 18 Abstiche) ist Abstich-Nr. angeführt.
b) Gleicher Herkunft.
c) In B 9 bis 14 Stahl I und II gemischt (I:II ≈ 2:1).
d) In Abstich D 56 und D 57 auch als Pfannenzusatz.

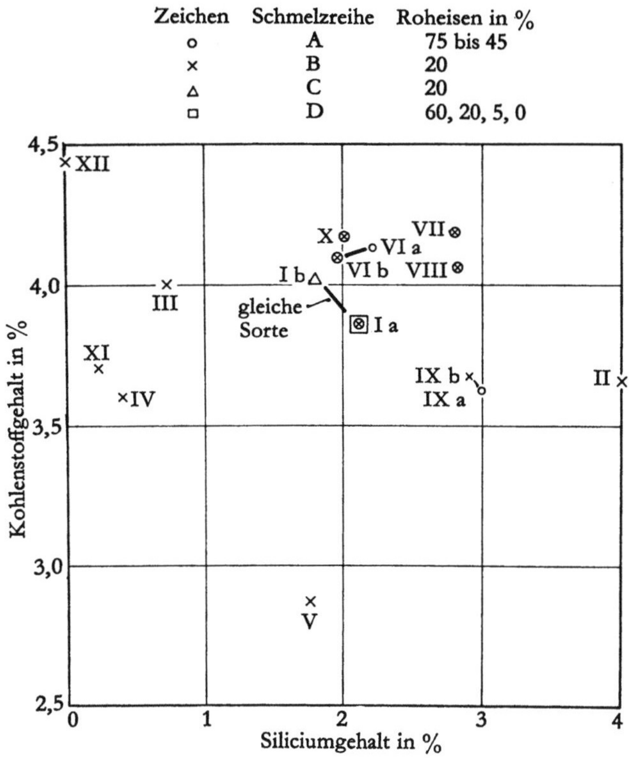

Abb. 14 Kohlenstoff- und Siliciumgehalte der untersuchten zwölf Roheisen

4.2.2 Einzelprogramme

Die drei Einflußgrößen Rohstoffe, Schmelzführung und Schmelzbehandlung sind in fünf Teilprogrammen A bis E behandelt worden. Zusätzliches Unterscheidungsmerkmal ist die Gattierung (Tafel 6).

Schmelzreihe A: Untersucht wurde der Einfluß verschiedener Roheisensorten in reinen Roheisen–Stahl-Gattierungen. Um die spezifische Wirkung des Roheisens mit Sicherheit nicht zu verdecken, wurde auf Zusätze von Ferrolegierungen verzichtet. Der Kreis der verwendbaren Roheisen war daher begrenzt (vgl. Taf. 5 und Abb. 14): Sorten mit niedrigem Siliciumgehalt und hohem Kohlenstoffgehalt schieden aus, weil der Kohlenstoffgehalt der Schmelze bei Einstellen des richtigen Siliciumgehalts den Sollwert überschritten hätte. Mäßiges Aufkohlen mit Elektrodengraphit wurde dagegen zugelassen. Der Roheisenanteil schwankte je nach Zusammensetzung des Roheisens zwischen 45 und 75%. Bei gleichem Roheisenanteil wäre die Forderung, ohne Ferrolegierungen auszukommen, nicht erfüllt worden. Die Schmelzführung entsprach Abb. 15a. Pfannenzusätze wurden nicht gegeben.

Schmelzreihe B: Untersucht wurde der Einfluß verschiedener Roheisensorten in Roheisen–Stahl-Gattierungen mit 20% Roheisen. Geprüft wurden die gleichen Roheisen wie in Reihe A und einige weitere Sorten (vgl. Taf. 5). Ein Vergleich von Reihe B mit A

Tafel 6 Versuchsplan

Schmelzreihe	Zahl der Schmelzen	Zahl der Abstiche	Einsatzgewicht in kg	Gattierung	Schmelzführung	Schmelzbehandlung (Pfannenzusätze)
A	13	13	75–90 (in 1 Fall 60)	nur Roheisen (75–45%) und Stahl, keine Ferrolegierungen. Graphit, wenn erforderlich	Schmelztemperatur 1550° C Haltezeit 15 min Abstichtemperatur 1500° C ab Schmelze 2 (Abb. 15a)	–
B	14	14	75–110 (meist 75–85)	20% Roheisen, Rest Stahl und Zusätze (Graphit und FeSi)	Aufkohlen 1400–1450° C sonst wie oben (Abb. 15b)	–
C	9	36	80–160 (je nach Abstichzahl, meist 125–145)	20% Roheisen, Rest Stahl und Zusätze (Graphit und FeSi)	in drei Gruppen planmäßig geändert (Abb. 15c)	–
D	6	38	145–165 (in 1 Fall 120)	siehe unten	siehe unten	siehe unten

Schmelzreihe D:

Schmelze	Roheisen in %	Stahl in %	Kreislaufmaterial in %	Schmelzführung	Abstich	0,02% Al	0,003% B	0,025% Bi	c) FeS
1 a)	60	40	–	Schmelztemperatur 1550° C Haltezeit 15 min fortlaufend Abstiche bei 1550° C (Abb. 15d)	1	—	—	—	—
2	20	80	–		2	+	—	—	—
3	5	95	–		3	+	+	+	—
4 b)	–	100	–		4 ff.	+	+	+	+
5	–	50	50						
6	–	50	50	4 Abstiche zwischen 1600 und 1450° C (Abb. 15d)	1–4	+	+	+	— d)

Tafel 6 (Fortsetzung)

					Abstich	Haltezeit e) in min	Abstichtemperatur in °C	Gießtemperatur in °C	Abstich	0,02% Al	0,003% B	0,025% Bi	f) FeMn
E	1	18	4250 (Betriebsversuch), davon ~ 250 kg für Proben	70% Kreislaufmaterial 30% Stahl	1	0	1550	1500	1	—	—	—	—
					2	0	1550	1450	2	—	—	—	—
					3	30	1550	1500	3	—	—	—	—
					4	30	1550	1450	4	—	—	—	—
					5	von	1550	1500	5	+	—	—	—
					6	hier	1550	1500	6	—	—	—	—
					7	an	1550	1500	7	—	+	—	—
					8	Ab-	1550	1500	8	—	—	—	—
					9	stiche	1550	1500	9	—	—	+	—
					10	fort-	1550	1500	10	—	—	—	—
					11	lau-	1550	1500	11	+	+	—	—
					12	fend	1550	1500	12	—	—	—	—
					13	(Abb.	1500	1500	13	+	—	+	—
					14	15e)	1550	1500	14	—	—	—	—
					15		1550	1500	15	+	+	+	—
					16		1550	1500	16	—	—	—	—
					17		1550	1500	17	—	—	—	+
					18		1550	1500	18	—	—	—	—

a) Keine Ferrolegierungen zugesetzt.

b) Zusätze: Graphit, Ferrosilicium, Ferromangan.

c)

Abstich	4	5	6	7	
Mn/S (Soll)	10	3,5	2,0	0,5	Schmelze 1–4
	2,0	0,5	10	20	Schmelze 5

Bei Abstich 6 und 7 von Schmelze 5 Ferromangan zugesetzt.

d) Ferner unbehandelte Parallelabstiche.

e) Nach Erreichen der Sollzusammensetzung.

f) Abstich 17 : Mn/S (Soll) = 7.

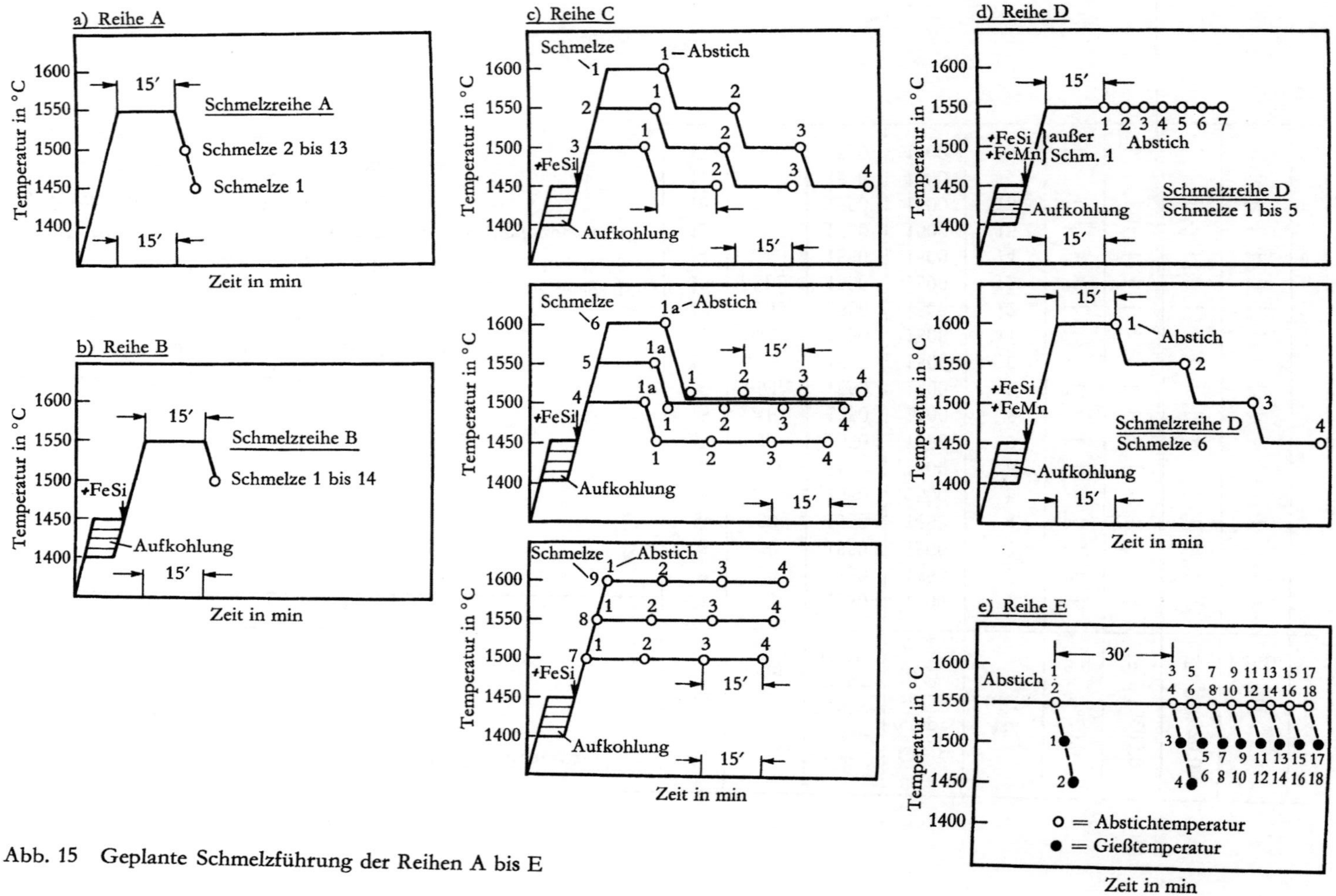

Abb. 15 Geplante Schmelzführung der Reihen A bis E

zeigt den Einfluß der Roheisenmenge (siehe auch Reihe D). Der Einsatz war auf 1,3% Si zu gattieren. Das Aufkohlen bis etwa 2,9% C sollte im Gebiet des Gleichgewichts der Kieselsäurereduktion (hier 1400–1450° C, allgemein analysenabhängig) beendet werden, um temperaturbedingte Änderungen des Silicium- und Kohlenstoffgehalts zu vermeiden. Die Kohlenstoffaufnahme wurde durch Zwischenanalysen überwacht. Die weitere Schmelzführung (Abb. 15b) war wie in Reihe A. Pfannenzusätze wurden nicht gegeben.

Schmelzreihe C: Untersucht wurde der Einfluß der Schmelzführung bei einheitlicher Gattierung (20% graues Temperroheisen mit niedrigem Siliciumgehalt; Rest Stahl, Ferrosilicium, Graphit). Diese Reihe ergänzt Reihe B, da vermutet wurde, daß Gefüge und Eigenschaften des Gußstücks nicht nur von Art und Menge der Einsatzstoffe, sondern auch vom Temperatur-Zeit-Verlauf der Schmelze abhängen. Das Aufkohlen geschah wie in Reihe B. Die Schmelzführung in drei Teilprogrammen zeigt Abb. 15c. Pfannenzusätze wurden nicht gegeben.

Schmelzreihe D: Untersucht wurde der Einfluß der Schmelzbehandlung mit Aluminium, Bor, Wismut und Schwefel (in gleichbleibender Folge) bei Gattierungen mit 60, 20, 5 und 0% Roheisen (Rest Stahl) und 50% Kreislaufmaterial + 50% Stahl. Die Schmelzführung war konstant (Abb. 15d, Schmelze 1–5). Geprüft wurde ferner der Einfluß der Schmelzführung bei einer Gattierung mit 50% Kreislaufmaterial + 50% Stahl (Abb. 15d, Schmelze 6).

Schmelzreihe E: Untersucht wurde der Einfluß der Schmelzführung und der Schmelzbehandlung einer Betriebsschmelze aus 70% Kreislaufmaterial und 30% Stahl. Reihe E als Kupolofen-Elektroofen-(Duplex-)Schmelze üblicher Herstellung sollte Reihe A bis D, besonders C und D, ergänzen. Der Einfluß der Schmelzführung wurde an Proben ohne Pfannenzusatz überprüft, entsprechend Reihe C. Die Schmelzbehandlung erfolgte mit Aluminium, Bor, Wismut einzeln und gemeinsam (als Stichprobe auch mit Mangan), zur Überprüfung von Reihe D. Parallel zu jedem behandelten Abstich wurde wie in Reihe D ein unbehandelter Vergleichsabstich abgegossen, um Nebeneinflüsse (z. B. durch die Zeit) auszuschalten. Die Schmelzführung entsprach Abb. 15e.

Die Teilprogramme enthalten in der Regel mehrere Kontrollmöglichkeiten. Auch die Querverbindungen zwischen den einzelnen Schmelzreihen dienen zur gegenseitigen Prüfung.
Angestrebt war die von R. Opitz [33] mitgeteilte Zusammensetzung für schwarzen (nicht entkohlend geglühten) Temperguß:

	C	Si	Mn	S	P
Richtwerte in %	2,4–2,6	1,2–1,1	0,3–0,4	< 0,10	< 0,08
Mittel in %	2,5	1,15	0,35	< 0,10	< 0,08

Die Betriebsschmelze E sollte 1,4% Si enthalten.

4.3 Versuchsdurchführung

4.3.1 Schmelzöfen

Die Schmelzen A bis D wurden in Mittelfrequenz-Induktionstiegelöfen des Gießerei-Instituts der Technischen Hochschule Aachen hergestellt: die Vorversuchsschmelze A0 in einem 10-kHz-Ofen mit 30 kg Fassungsvermögen, die

Hauptversuche A1 bis D6 in einem 4-kHz-Ofen mit 150 kg Fassungsvermögen [34]. Die Versuchsreihe E konnte unter Betriebsbedingungen durchgeführt werden*. Geschmolzen wurde nach dem Duplex-Verfahren im Heißwind-Kupolofen und im Netzfrequenz-Induktionstiegelofen (4–5 t). Alle Schmelzöfen waren mit saurem Futter zugestellt.

4.3.2 Gattierung

Die Istwerte der Gattierung, teilweise einschließlich erforderlicher Nachsätze, zeigt Tafel 7. Die Sollwerte (vgl. Tafel 6) sind meist in guter Näherung erreicht.

4.3.3 Probekörper

Neben Probestäben nach DIN 50149 (meist 9 und 12 mm) und stirnseitig angeschnittenen Schlagbiegeproben 55×10×10 mm wurden zum Teil Bruchproben 35×150×360 mm nach W. PATTERSON und E. VON GUMPERT [35] abgegossen (fallend gegen Schreckplatte), ferner Knüppel 40, 60 und 80 mm Dmr. × 250 mm + 60 mm Speiser (steigend gegossen, gleichzeitig für Abkühlkurven), Kleinkeile (wie bei Gußeisen, in offene Kernform gegossen) und »Thermokörper« zur Aufnahme der Abkühlkurven (Abb. 16).

In der Regel diente ein Gußstück je Abstich und Probeform zur Untersuchung des Rohgußgefüges, bei den Normstäben ferner zur Probenahme für die chemische

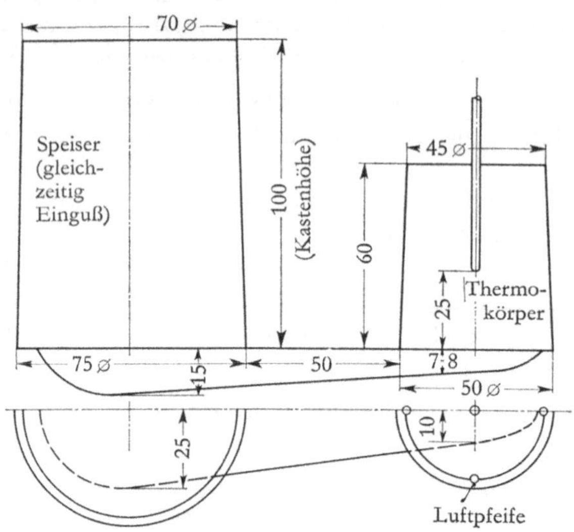

Abb. 16 Gießsystem zur Aufnahme der Abkühlkurven von Temperrohguß

* Der Firma Walter Hundhausen, Schwerte, besonders den Herren R. OPITZ und W. MAINZ, wird dafür herzlich gedankt.

Tafel 7 *Istwerte der Gattierung*
(Sollwerte siehe Tafel 6)

Schmelz-reihe	Schmelze	Roh-eisen (RE)	An-teil in %	Stahl (St)	An-teil in %	Kreis-laufm. (Klm)	An-teil in %	FeSi (Si in %)	An-teil in %	FeMn (Mn in %)	An-teil in %	Graphit Anteil in %	Einsatz-gewicht in kg
A	A 0	VIa	47,7	I	51,7	–	–	–	–	–	–	0,6	25
	A 1	Ia	76,1	I	23,9	–	–	–	–	–	–	–	90
	A 2	VIa	72,9	I	27,1	–	–	–	–	–	–	–	90
	A 3	Ia	60,9	I	38,7	–	–	–	–	–	–	0,4	85
	A 4	VIa	57,1	I	42,6	–	–	–	–	–	–	0,3	82
	A 5	VIb	65,3	I	34,7	–	–	–	–	–	–	–	80
	A 6	X	64,9	I	34,7	–	–	–	–	–	–	0,4	80
	A 7	VII	45,2	I	54,2	–	–	–	–	–	–	0,6	82
	A 8	VIII	45,1	I	54,2	–	–	–	–	–	–	0,7	82
	A 9	IXa	42,2	I	56,6	–	–	–	–	–	–	1,2	59
	A 10	X	65,0	I	35,0	–	–	–	–	–	–	–	85
	A 11	VIa	57,9	I	41,9	–	–	–	–	–	–	0,2	77
	A 12	VIII	45,0	I	53,3	–	–	–	–	–	–	0,7	79
	A 13	VII	44,9	I	54,4	–	–	–	–	–	–	0,7	75
B	B 1	VIb	19,5	I	77,8	–	–	96	0,8	–	–	1,9	105
	B 2	IXb	17,9	I	79,4	–	–	96	0,6	–	–	2,1	112
	B 3	X	19,4	I	77,7	–	–	96	0,8	–	–	2,1	77
	B 4	VIII	19,8	I	77,5	–	–	96	0,6	–	–	2,1	77
	B 5	Ia	19,4	I	77,6	–	–	96	0,8	–	–	2,2	80
	B 6	VII	14,0	I	83,4	–	–	96	0,6	–	–	2,0	107
	B 7	II	17,2	I	79,8	–	–	96	0,5	–	–	2,5	85
	B 8	III	17,3	I	78,9	–	–	96	1,6	–	–	2,2	88

Tafel 7 (Fortsetzung)

Schmelz-reihe	Schmelze	Roh-eisen (RE)	An-teil in %	Stahl (St)	An-teil in %	Kreis-laufm. (Klm)	An-teil in %	FeSi (Si in %)	An-teil in %	FeMn (Mn in %)	An-teil in %	Graphit Anteil in %	Einsatz-gewicht in kg
	B9*	IV	19,5	I, II	77,1	–	–	96	1,2	–	–	2,2	77
	B10*	V	19,9	I, II	77,0	–	–	96	0,8	–	–	2,3	78
	B11*	XI	18,7	I, II	78,3	–	–	96	1,1	–	–	2,0	83
	B12*	XII	19,6	I, II	77,3	–	–	96	1,1	–	–	2,0	78
	B13*	VII	18,5	I, II	78,3	–	–	96	0,6	–	–	2,6	77
	B14*	III	19,3	I, II	77,7	–	–	96	1,0	–	–	2,1	80
C	C1	Ib	19,4	I	77,8	–	–	96	0,8	–	–	2,0	162
	C2	Ib	19,5	I	77,6	–	–	96	0,8	–	–	2,1	105
	C3	Ib	19,0	I	78,2	–	–	96	0,8	–	–	2,0	82
	C4	Ib	20,9	III	76,0	–	–	94	1,0	–	–	2,1	128
	C5	Ib	20,2	III	76,6	–	–	94	1,0	–	–	2,2	125
	C6	Ib	19,9	III	77,0	–	–	94	1,0	–	–	2,1	146
	C7	Ib	18,8	III	78,1	–	–	94	1,0	–	–	2,1	146
	C8	Ib	18,9	III	77,9	–	–	94	1,0	–	–	2,2	144
	C9	Ib	19,8	III	77,3	–	–	94	0,7	–	–	2,2	145
D	D1	Ia	62,0	IV	37,6	–	–	–	–	–	–	0,4	120
	D2	Ia	19,4	IV	77,3	–	–	94	0,9	94	0,1	2,3	149
	D3	Ia	4,7	IV	90,7	–	–	94	1,3	94	0,2	3,1	160
	D4	–	–	IV	95,5	–	–	94	1,4	94	0,2	2,9	160
	D5	–	–	IV	51,7	Ia	44,9	94	0,6	94	0,1	2,7	168
	D6	–	–	IV	48,7	Ia	48,6	94	0,6	94	0,1	2,0	159
E	E1–18	–	–	V	29,9	Ib	69,7	75	0,3	75	0,1	–	4250

* Stahl I : Stahl II = 2 : 1.

Zusammensetzung und zum Herausdrehen der Dilatometerproben. Der Rest wurde getempert. Da bei Knüppeln und Bruchproben nur ein Gußstück je Abstich vorlag, wurde es geteilt.

Tafel 8 enthält die Werte der chemischen Grundzusammensetzung, Tafel 9 die Ergebnisse der Spektralanalyse einiger Spurenelemente*.

Tafel 8 Chemische Zusammensetzung der Schmelzen

Schmelze	Abstich	Roheisen	Chemische Zusammensetzung der Schmelzen in %				
			C	Si	Mn	S	P
Schmelzreihe A							
0	–	VIa	2,45	0,88	0,52	0,035	0,052
1	–	Ia	2,66	1,50	0,53	0,058	0,017
2	–	VIa	2,82	1,33	0,55	0,024	0,066
3	–	Ia	2,59	1,18	0,49	0,015	0,048
4	–	VIa	2,54	0,89	0,52	0,018	0,062
5	–	VIb	2,54	1,11	0,48	0,024	0,076
6	–	X	3,01	1,25	0,23	0,013	0,044
7	–	VII	2,23	1,49	0,51	0,016	0,064
8	–	VIII	2,33	1,18	0,40	0,018	0,026
9	–	IXa	2,37	1,06	0,45	0,029	0,050
10	–	X	2,58	1,19	0,22	0,012	0,054
11	–	VIa	2,47	0,93	0,46	0,021	0,066
12	–	VIII	2,35	1,18	0,42	0,013	0,014
13	–	VII	2,34	1,22	0,49	0,018	0,066
Schmelzreihe B							
1	–	VIb	2,57	1,02	0,34	0,013	0,039
2	–	IXb	2,60	0,96	0,38	0,013	0,040
3	–	X	2,56	1,06	0,28	0,028	0,030
4	–	VIII	2,63	1,11	0,37	0,032	0,024
5	–	Ia	2,50	1,03	0,35	0,025	0,032
6	–	VII	2,29	0,88	0,39	0,014	0,032
7	–	II	2,51	1,01	0,37	0,018	0,040
8	–	III	2,41	1,60	0,37	0,018	0,038
9	–	IV	2,58	1,13	0,38	0,032	0,036
10	–	V	2,56	1,04	0,41	0,019	0,030
11	–	XI	2,48	1,07	0,37	0,018	0,020
12	–	XII	2,55	1,15	0,35	0,012	0,018
13	–	VII	2,63	1,10	0,50	0,019	0,038
14	–	III	2,57	1,08	0,39	0,021	0,030

* Durchgeführt bei der Duisburger Kupferhütte. Besonderer Dank gilt den Herren Dr. P. von der Forst und Dr. R. Dobbener.

Tafel 8 (Fortsetzung)

Schmelze	Abstich	Roheisen	Chemische Zusammensetzung der Schmelzen in % C	Si	Mn	S	P
Schmelzreihe C							
1	1	Ib	2,54	1,20	0,42	0,014	0,027
	2	Ib	2,44	1,15	0,40	0,020	0,027
	3	Ib	2,36	1,21	0,43	0,016	0,025
	4	Ib	2,28	1,17	0,44	0,034	0,028
2	1	Ib	2,58	1,00	0,37	0,039	0,028
	2	Ib	2,55	1,03	0,37	0,040	0,020
	3	Ib	2,45	1,00	0,35	0,042	0,026
3	1	Ib	2,53	1,03	0,39	0,040	0,024
	2	Ib	2,48	1,05	0,37	0,034	0,026
4	1a	Ib	2,69	0,98	0,31	0,071	0,028
	1	Ib	2,68	1,03	0,32	0,071	0,058
	2	Ib	2,64	0,98	0,32	0,070	0,034
	3	Ib	2,59	1,03	0,32	0,068	0,035
	4	Ib	2,56	0,96	0,31	0,064	0,034
5	1a	Ib	2,63	1,07	0,36	0,067	0,034
	1	Ib	2,63	1,12	0,36	0,060	0,047
	2	Ib	2,59	1,06	0,35	0,061	0,041
	3	Ib	2,49	1,12	0,35	0,062	0,041
	4	Ib	2,40	1,12	0,34	0,062	0,051
6	1a	Ib	2,68	1,12	0,37	0,072	0,035
	1	Ib	2,64	1,07	0,33	0,072	0,047
	2	Ib	2,56	1,10	0,33	0,072	0,030
	3	Ib	2,48	1,08	0,32	0,065	0,041
	4	Ib	2,37	1,12	0,31	0,054	0,038
7	1	Ib	2,82	1,08	0,33	0,074	0,038
	2	Ib	2,79	1,07	0,33	0,074	0,035
	3	Ib	2,74	1,07	0,33	0,070	0,044
	4	Ib	2,68	1,07	0,33	0,072	0,027
8	1	Ib	2,75	1,00	0,31	0,068	0,031
	2	Ib	2,70	1,10	0,31	0,072	0,034
	3	Ib	2,59	1,07	0,31	0,067	0,046
	4	Ib	2,50	1,07	0,30	0,065	0,050
9	1	Ib	2,77	0,76	0,37	0,063	0,045
	2	Ib	2,70	0,78	0,34	0,067	0,034
	3	Ib	2,66	0,84	0,33	0,068	0,046
	4	Ib	2,55	0,80	0,35	0,063	0,046

Tafel 8 (Fortsetzung)

Schmelze	Abstich	Roheisen	Chemische Zusammensetzung der Schmelzen in %				
			C	Si	Mn	S	P
Schmelzreihe D, unbehandelte Abstiche b)							
1	1	Ia	2,65	1,23	0,43	0,024	0,044
	2	Ia					
	3	Ia					
	4	Ia	2,74		0,42	0,017	
	5	Ia	2,58		0,41	0,016	
	6	Ia	2,44		0,38	0,015	
2	1	Ia	2,60	1,28	0,41	0,021	0,024
	2	Ia					
	3	Ia					
	4	Ia	2,92		0,35	0,021	
	5	Ia	3,10		0,39	0,022	
	6	Ia	3,14		0,37	0,021	
	7	Ia	3,29		0,39	0,019	
3	1	Ia	3,05	1,28	0,41	0,026	0,018
	2	Ia					
	3	Ia					
	4	Ia	3,18		0,38	0,022	
	5	Ia	3,32		0,37	0,016	
	6	Ia	3,21		0,38	0,020	
	7	Ia	3,15		0,38	0,021	
4	1	–	2,91	1,46	0,45	0,029	0,019
	2	–					
	3	–					
	4	–	2,93		0,41	0,016	
	5	–	2,91		0,42	0,017	
	6	–	2,84		0,41	0,019	
	7	–	2,80		0,39	0,023	
5	1	–	2,93	1,23	0,39	0,078	0,044
	2	–					
	3	–					
	4	–	2,90		0,37	0,057	
	5	–	2,91		0,37	0,055	
	6	–	2,86		0,38	0,075	
	7	–	2,79		0,37	0,076	
6	1	–					
	2	–					
	3	–					
	4	–					

Tafel 8 (Fortsetzung)

Schmelze	Abstich	Roheisen	Chemische Zusammensetzung der Schmelzen in %				
			C	Si	Mn	S	P
Schmelzreihe D, behandelte Abstiche							
1	1	Ia	–	–	–	–	–
	2	Ia	2,61	1,24	0,46	0,021	0,044
	3	Ia	2,71	1,22	0,43	0,020	0,048
	4	Ia	2,62	1,22	0,41	0,021	0,048
	5	Ia	2,51	1,18	0,41	0,097	0,046
	6	Ia	2,46	1,17	0,37	0,110	0,048
2	1	Ia	–	–	–	–	–
	2	Ia	2,67	1,27	0,40	0,022	0,024
	3	Ia	2,79	1,25	0,40	0,021	0,024
	4	Ia	2,87	1,30	0,40	0,027	0,022
	5	Ia	3,07	1,31	0,39	0,059	0,024
	6	Ia	3,17	1,28	0,39	0,123	0,022
	7	Ia	3,40	1,21	0,30	0,44	0,026
3	1	Ia	–	–	–	–	–
	2	Ia	3,11	1,30	0,41	0,025	0,017
	3	Ia	3,13	1,28	0,41	0,025	0,018
	4	Ia	3,19	1,29	0,42	0,027	0,018
	5	Ia	3,21	1,27	0,42	0,062	0,018
	6	Ia	3,21	1,27	0,40	0,099	0,014
	7	Ia	3,10	1,27	0,38	0,49	0,018
4	1	–	–	–	–	–	–
	2	–	2,99	1,44	0,45	0,027	0,014
	3	–	3,06	1,44	0,45	0,028	0,014
	4	–	3,03	1,44	0,45	0,032	0,014
	5	–	3,01	1,43	0,44	0,081	0,016
	6	–	2,92	1,42	0,43	0,127	0,016
	7	–	2,85	1,42	0,41	0,268	0,014
5	1	–	–	–	–	–	–
	2	–	2,93	1,21	0,44	0,073	0,044
	3	–	2,94	1,23	0,44	0,073	0,045
	4	–	2,94	1,26	0,40	0,130	0,046
	5	–	2,96	1,21	0,41	0,43	0,045
	6	–	2,83	1,22	0,41	0,111	0,053
	7	–	2,75	1,18	1,49	0,099	0,038
6	1	–	2,87	1,38	0,39	0,084	0,044
	2	–	2,86	1,32	0,38	0,078	0,041
	3	–	2,78	1,32	0,35	0,078	0,040
	4	–	2,73	1,38	0,34	0,076	0,040

Tafel 8 (Fortsetzung)

Schmelze	Abstich	Roheisen	Chemische Zusammensetzung der Schmelzen in %				
			C	Si	Mn	S	P
Schmelzreihe E c)							
	1	–	2,50	1,42	0,42	0,110	0,023
	2	–	2,51	1,42	0,42	0,108	
	3	–	2,48	1,39	0,42	0,110	
	4	–	2,46	1,39	0,42	0,109	
	5	–	2,42	1,41	0,42	0,108	
	6	–	2,38	1,38	0,41	0,110	
	7	–	2,39	1,40	0,42	0,107	
	8	–	2,40	1,40	0,42	0,104	
	9	–	2,40	1,40	0,42	0,108	0,020
	10	–	2,37	1,41	0,41	0,107	
	11	–	2,36	1,43	0,42	0,100	
	12	–	2,37	1,43	0,42	0,100	
	13	–	2,36	1,41	0,40	0,107	
	14	–	2,36	1,39	0,40	0,106	
	15	–	2,35	1,40	0,40	0,103	
	16	–	2,32	1,40	0,41	0,102	
	17	–	2,33	1,40	0,86	0,100	
	18	–	2,31	1,40	0,40	0,107	0,017

a) Gattierung s. Taf. 6.

b) Die hier eingetragenen Werte sind unabhängig von den Werten der behandelten Abstiche ermittelt worden. Zur Kontrolle dienen in Reihe D nur Kohlenstoff und (ausgenommen Abstich 6 und 7 von Schmelze 5) Mangan. Die Schwefelwerte der unbehandelten und der behandelten Abstiche weichen in Reihe D ab, frühestens von Abstich 4 an, vgl. Taf. 6, Fußnote c). In Reihe E dienen alle Werte der unbehandelten und der behandelten Abstiche zur gegenseitigen Kontrolle, ausgenommen der Manganwert von Abstich 17, vgl. Taf. 6, Fußnote f).

c) Abstich 1–4 unbehandelt. Von Abstich 5 an ungerade Zahlen = behandelte Abstiche, gerade Zahlen = unbehandelte Abstiche.

Tafel 9 Spurenelemente der Schmelzen von Reihe A und *B* a)

Schmelz-reihe	Schmelze	Roh-eisen b)	Anteil in %	Gehalt an Spurenelementen in %					
				Cr	V	Ti	Cu	Ni	Mo
A	A 0	VI a	47,7	0,042	< 0,05	0,021	0,061	0,028	0,007
	A 1	I a	76,1	0,015	< 0,05	0,032	0,14	0,033	0,006
	A 2	VI a	72,9	0,042	< 0,05	0,057	0,049	0,027	0,007
	A 3	I a	60,9	0,015	< 0,05	0,030	0,13	0,032	0,006
	A 4	VI a	57,1	0,040	< 0,05	0,034	0,056	0,029	0,008
	A 5	VI b	65,3	0,030	< 0,05	0,036	0,073	0,026	0,007
	A 6	X	64,9	0,015	< 0,05	0,025	0,067	0,018	0,003
	A 7	VII	45,2	0,047	< 0,05	0,031	0,086	0,033	0,005
	A 8	VIII	45,1	0,046	0,17	0,052	0,064	0,049	0,003
	A 9	IX a	42,2	0,020	< 0,05	0,021	0,075	0,026	0,004
	A 10	X	65,0	0,015	< 0,05	0,026	0,064	0,019	0,003
	A 11	VI a	57,9	0,028	< 0,05	0,030	0,068	0,025	0,007
	A 12	VIII	45,0	0,043	0,17	0,035	0,064	0,054	0,003
	A 13	VII	44,9	0,038	< 0,05	0,037	0,094	0,033	0,005
B	B 1	VI b	19,5	0,025	0,010	0,013	0,097	0,034	0,005
	B 2	IX b	17,9	0,030	< 0,010	< 0,010	0,116	0,038	0,006
	B 3	X	19,4	0,020	< 0,010	0,012	0,097	0,030	0,006
	B 4	VIII	19,8	0,045	0,15	0,058	0,093	0,044	0,006
	B 5	I a	19,4	0,020	< 0,010	0,021	0,123	0,036	0,005
	B 6	VII	14,0	0,030	< 0,010	0,016	0,100	0,035	0,007
	B 7	II	17,2	0,040	< 0,010	< 0,010	0,142	0,052	0,009
	B 8	III	17,3	0,016	< 0,010	0,071	0,148	0,042	0,007
	B 9	IV	19,5	0,034	< 0,010	0,065	0,152	0,043	0,010
	B 10	V	19,9	0,028	< 0,010	0,088	0,150	0,042	0,010
	B 11	XI	18,7	0,034	< 0,010	0,050	0,123	0,041	0,011
	B 12	XII	19,6	0,041	< 0,010	0,044	0,185	0,032	0,013
	B 13	VII	18,5	0,062	0,017	0,154	0,123	0,047	0,014
	B 14	III	19,3	0,016	< 0,010	0,126	0,122	0,030	0,007

a) Für die Schmelzen C 1 bis 9 und D 2 können ähnliche Gehalte an Spurenelementen wie bei Schmelze B 5 angenommen werden (gleiches Roheisen, gleicher Roheisenanteil).

b) Rest Stahl I, Schmelze B 9 bis 14 Stahl I und II im Verhältnis 2:1.

4.3.4 *Ätz- und Aufnahmetechnik*

Weil Mikroaufnahmen nur einen örtlich begrenzten Überblick geben können, wurde versucht, das Temperrohgußgefüge auf dem gesamten Probenquerschnitt sichtbar zu machen. Diese Aufgabe mußte gelöst sein, um rückwirkend auf das Erstarrungsverhalten schließen zu können.

Die Literatur enthielt nur wenige Übersichtsaufnahmen von weiß erstarrtem, ungeglühtem Gußeisen. W. J. Williams [14] ätzte mit vierprozentiger alkoholischer Pikrinsäure und fünfprozentiger alkoholischer Salpetersäure und photographierte die eutektischen Zellen bei Schrägbeleuchtung, das Primäraustenitgefüge bei senkrechter Beleuchtung. Die Wiedergabe der eutektischen Zellen könnte besser sein, der Primäraustenit ist dagegen gut sichtbar.

R. W. Heine und P. C. Rosenthal [36] veröffentlichten ein Temperrohgußgefüge eines Probestabes 12,7 mm Dmr. × 229 mm, geätzt mit alkoholischer Salpetersäure. Art und Entstehung der Phasen sind im Begleittext kurz erläutert. Die Speiseschwierigkeiten werden gestreift. Quantitative Untersuchungen fehlen. Dieses ausgezeichnete und zur Lösung einer Fülle von Problemen anregende Gefügebild war daher einer der Ausgangspunkte für die eigenen Untersuchungen zur Kristallisation des Primäraustenits.

Ähnliche Ätzversuche an Proben der Schmelzreihe C verliefen unbefriedigend. Daher wurden zahlreiche andere Ätzlösungen erprobt. Ergebnis dieser gemeinsam mit H. Reuter [37] durchgeführten Versuche war, daß *Perchlorsäure* ein zuverlässiges Ätzmittel für Temperrohguß ist, besonders zur Entwicklung des Primäraustenitgefüges.

Arbeitsweise (Proben der Schmelzreihe C [37] und nachträglich Proben der Schmelzreihe A [38]):

Ätzmittel:	25prozentige Perchlorsäure ($HClO_4$);
Temperatur:	etwa 90° C (Abzug!);
Ätzdauer:	5–10 min, meist 6–8 min (Ätzzeit scheint mit steigendem Siliciumgehalt abzunehmen).
Nachbehandlung:	Abspülen mit Wasser; kurz eintauchen in einprozentige alkoholische Salpetersäure; abspülen mit Wasser; trocknen mit Alkohol im Luftstrom; wenn erforderlich, 5–10 s nachpolieren.

50prozentige Perchlorsäure bei 60–70° C (Proben der Schmelzreihe B [39]) und eine bei 80–90° C angewandte Mischung aus 70prozentiger Perchlorsäure und Wasser im Volumenverhältnis 15:100 (Proben der Schmelzreihe D [40]) sind ebenfalls geeignet. Der Ätzvorgang ist in der Regel leicht zu überwachen.

Perchlorsäure bewährte sich später auch als Ätzmittel für den Primäraustenit des grauen Gußeisens [16, 23, 24, 41], für den Austenit in reinen Mischkristall-Legierungen [23, 24] und für das Ledeburiteutektikum naheutektischer Gußlegierungen [23, 24].

In stärker untereutektischen Legierungen wird das Ledeburiteutektikum bei Schrägbeleuchtung sichtbar. Auf gut geätzten Proben ist es schon mit unbe-

waffnetem Auge bei normalem Licht zu erkennen. Eine genaue Abgrenzung einzelner Zellen ist schwierig. Doch kann zwischen exogener und endogener Erstarrung näherungsweise unterschieden werden.
Weitere Versuche, an denen M. Kemp und E. Müller [42] sowie G. Hülsenbeck [43] beteiligt waren, befaßten sich mit der Frage, ob Primäraustenit und eutektische Zellen in weißem Gußeisen gleichzeitig sichtbar gemacht werden können. Das ist nach den bisherigen Ergebnissen schwierig. Aufschlußreich war aber, daß außer Perchlorsäure eine Reihe anderer Ätzmittel den Primäraustenit bei senkrechter Beleuchtung und die eutektischen Hell–Dunkel-Bezirke (wahrscheinlich identisch mit eutektischen Ledeburitzellen oder Teilen davon) bei Schrägbeleuchtung erkennen lassen, u. a.:

1. Natriumthiosulfat, bekannt als Ätzmittel für eutektische Zellen von Grauguß; 40 g auf 100 cm³ H_2O, nach 20 min 3 g Kaliummetabisulfit zugeben, Ätzzeit ~ 5 min*.
2. Aufschlämmung von kristallisierter Borsäure in konzentrierter Schwefelsäure; Ätzzeit ~ 5 min, nach erneutem Abschleifen 30 min.
3. Ätzmittel nach P. Oberhoffer [44] + sechsprozentige alkoholische Salpetersäure, Ätzzeit 30 s.
4. Salzsäure + Salpetersäure + Sparbeize [44], Ätzzeit 2 min.
5. Konzentrierte Salzsäure + konzentrierte Salpetersäure (in gleichen Volumenteilen) + aufgestreute kristallisierte Borsäure, Ätzzeit 1 min.
6. 1 Teil zehnprozentige Chromsäure + 1 Teil konzentrierte Salpetersäure + kristallisierte Borsäure (aufstreuen und laufend ersetzen), Ätzzeit meist 10 s (auf endogene Proben bezogen) bis 60 s (exogene Proben).

Eine Reihe weiterer Lösungen ätzte nur den Primäraustenit an, das Ledeburiteutektikum dagegen nicht oder nur schwach.
Chromsäure wurde auch zum Ätzen der Proben von Schmelzreihe E [42] verwendet. Vorteile gegenüber Perchlorsäure sind, daß bei Raumtemperatur und ohne Abzug gearbeitet werden kann. Das Ergebnis ist gleich gut wie bei Perchlorsäureätzung.
Das Primäraustenitgefüge sämtlicher Rohgußproben wurde bei senkrechtem Licht und schwacher Vergrößerung (4:1 oder 5:1) photographiert (Platte oder Film). Bei einer Probenauswahl, besonders Schmelzreihe C, 15 mm Dmr., wurde zusätzlich das eutektische Gefüge unter Schräglicht (Doppelbelichtung) aufgenommen.

4.3.5 Qualitative und quantitative Auswertung

Das Primäraustenitgefüge ist qualitativ und quantitativ eingeordnet worden, teilweise zur Sicherheit doppelt. Um den subjektiven Fehler zu verringern, wurden alle Proben abschließend in einer zusammenfassenden Arbeit [45] nach Erstarrungstyp, maximaler Dendritenlänge und maximaler Bündeldicke eingestuft. Grundlage waren die in Abschnitt 3.2 entwickelten Richtreihen für die dendritische Erstarrung.

* Die Ätzzeiten dienen als Anhalt; sie wurden an einer exogenen Probe der Schmelzreihe C ermittelt (Schmelze 1, Abstich 1, 18 mm Dmr.).

5. Versuchsergebnisse über das Primäraustenitgefüge von Temperrohguß und Ansätze zur Deutung

Die Ergebnisse für den Erstarrungstyp enthält Tafel 10.

5.1 Wiederholbarkeit der Makrogefügeausbildung

Beispiele für die Wiederholbarkeit der Ausbildung und der Primärätzung des Makrogefüges zeigt Abb. 17. Verglichen sind je zwei Schmelzen (A4 und A11; A 8 und A 12) aus gleichem Roheisen, mit gleichem Roheisenanteil (Tafel 7), gleicher Schmelzführung (Abb. 15a) und annähernd gleicher Endzusammensetzung (Tafel 8). In Proben mit gleichem Durchmesser stimmt das Gefüge nach Erstarrungstyp, maximaler Dendritenlänge und maximaler Bündeldicke gut bis sehr gut überein (vgl. Tafel 10).

5.2 Ergebnisse zum Einfluß der Herstellungsbedingungen des Gußeisens auf die Kristallisation des Primäraustenits

5.2.1 Einfluß des Kohlenstoffs

5.2.1.1 Befund

Proben aus Schmelzen, die unter gleichen Bedingungen hergestellt wurden, waren in der Regel um so mehr exogen kristallisiert, je höher der Kohlenstoffgehalt lag. Umgekehrt strahlte der Primäraustenit bei geringem Kohlenstoffgehalt weniger tief ein, wie Abb. 18 an Beispielen aus Reihe A und B verdeutlicht. Dargestellt sind Proben von je zwei Schmelzen aus gleichem Roheisen, mit gleichem Roheisenanteil und gleicher Schmelzführung. A6 und A10 unterscheiden sich im Siliciumgehalt kaum. Der Kohlenstoffgehalt ist dagegen bei A6 um etwa 0,4% höher als bei A10. B13 enthält 0,2% Si und 0,3% C mehr als B6. Sieht man von den geringen Unterschieden im Siliciumgehalt ab, dann beobachtet man folgenden Zusammenhang: Die Schmelzen mit höherem Kohlenstoffgehalt (A6 und B13) kristallisieren mehr exogen als die Schmelzen mit geringerem Kohlenstoffgehalt (A10 und B6).

Da Unterschiede im Erstarrungsverhalten besonders bei dickeren Proben auftreten, sind in Abb. 19 die Werte der 15-mm-Stäbe von Schmelzreihe A dargestellt (Erstarrungstyp, maximale Dendritenlänge, maximale Bündeldicke). Der Gesamteindruck ist, daß mit steigendem Kohlenstoffgehalt das Gefüge mehr exogen wird, trotz unterschiedlicher Roheisensorten. Diese Aussage gilt streng für Schmelzen aus dem gleichen Roheisen, die zur besseren Übersicht verbunden sind: A7 und A13; A8 und A12; A11, A4 und A2; A3 und A1; A10 und A6*.

* Wenn etwa bei Schmelze A7 als Erstarrungstyp V bis *VI* gefunden wurde, ist die Verbindungslinie zu Schmelze A13 in einem Punkt nahe VI angesetzt, der das Streuband V bis VI im Verhältnis 3:1 teilt, d. h. in 5,75.

Tafel 10 *Erstarrungstyp von Temperrohguß in Probestäben mit* 9, 12, 15 *und* 18 mm Dmr. *nach* DIN 50149 *und in Schlagbiegeproben* 55 × 10 × 10 mm a) *und* b)

Schmelze	Abstich	Proben-Durch-messer in mm	Erstarrungstyp c)	
Schmelzreihe A				
1	–	9	V bis *VI*	
		12	VI	
		15	V bis *VI*	
2	–	9	IV bis VI	
		12	IV bis VI	
		15	V bis *VI*	
3	–	9	V bis *VI*	
		12	V bis *VI*	
		15	III bis IV	
4	–	9	V bis *VI*	
		12	V bis *VI*	
		15	*IV* bis VI	
5	–	9	V bis VI	
		12	IV bis VI	
		15	*IV* bis VI	
6	–	9	IV bis VI	
		12	II bis IV (VI)	
		15	III bis IV	
7	–	9	VI	
		12	V bis *VI*	
		15	V bis *VI*	
8	–	9	VI	
		12	VI	
		15	V bis *VI*	
9	–	9	V bis *VI*	
		12	V bis *VI*	
		15	IV bis VI	
10	–	9	VI	
		12	V bis *VI*	
		15	IV bis VI	
11	–	9	V bis *VI*	
		12	V bis *VI*	
		15	IV bis VI	
12	–	9	V bis *VI*	
		12	V bis *VI*	
		15	IV bis VI	

Tafel 10 (Fortsetzung)

Schmelze	Abstich	Proben-Durch-messer in mm	Erstarrungstyp c)	
13	–	9	V bis *VI*	
		12	V bis *VI*	
		15	IV bis VI	
Schmelzreihe B				
1	–	9	I bis IV	
		12	I bis IV	
		15	I bis IV	
		18	II bis IV	
2	–	9	IV bis VI	
		12	I bis VI	
		15	II bis IV	
		18	II bis IV	
3	–	9	III bis VI	
		12	III bis VI	
		15	V bis VI	
		18	III bis IV (VI)	
4	–	9	IV bis VI	
		12	IV bis VI	
		15	V bis VI	
		18	V bis VI	
5	–	9	IV bis VI	
		12	V bis *VI*	
		15	VI	
		18	VI	
6	–	9	IV bis VI	
		12	IV bis VI	
		15	V bis *VI*	
		18	V bis *VI*	
7	–	9	IV bis VI	
		12	IV bis V	
		15	IV bis VI	
		18	V bis *VI*	
8	–	9	IV bis VI	
		12	IV bis VI	
		15	IV bis VI	
		18	IV bis VI	
9	–	9	IV bis VI	
		12	IV bis VI	
		15	II bis IV	
		18	IV bis VI	

Tafel 10 (Fortsetzung)

Schmelze	Abstich	Proben-Durch-messer in mm	Erstarrungstyp c)
10	–	9	IV bis VI
		12	IV bis VI
		15	IV bis VI
		18	V bis VI
11	–	9	IV bis VI
		12	III bis VI
		15	IV bis VI
		18	V bis VI
12	–	9	II bis IV
		12	II bis IV
		15	II bis IV
		18	II bis IV
13		9	III bis IV (VI)
		12	II bis IV
		15	II bis VI
		18	II bis IV
14	–	9	II bis VI
		12	II bis VI
		15	I bis VI
		18	II bis VI
Schmelzreihe C			
1	1	9	I bis IV (VI)
		12	I bis III
		15	I bis III
		18	I bis III
	2	9	II bis VI
		12	I bis IV
		15	I bis III
		18	III bis IV
	3	9	III bis IV
		12	V bis VI
		15	II bis IV
		18	IV bis VI
	4	9	V bis VI
		12	V bis VI
		15	V bis VI
		18	VI

Tafel 10 (Fortsetzung)

Schmelze	Abstich	Proben-Durch-messer in mm	Erstarrungstyp c)	
2	1	9	IV bis VI	
		12	IV bis VI	
		15	III bis VI	
		18	II bis IV	
	2	9	III bis VI	
		12	V bis *VI*	
		15	IV bis VI	
		18	V bis VI	
	3	9	VI	
		12	VI	
		15	VI	
		18		
3	1	9	II bis VI	
		12	IV bis VI	
		15	I bis IV	
		18	II bis IV	
	2	9	III bis IV	
		12	IV bis VI	
		15	IV bis *VI*	
		18	V bis *VI*	
4	1a	9	IV bis *VI*	
		12	II bis IV	
	1	9	III bis IV (VI)	
		12	II bis IV	
		15	II bis VI	
		18	IV bis *VI*	
	2	9	II bis IV	
		12	II bis IV	
		15	V bis VI	
		18	VI	
	3	9	I bis IV	
		12	V bis *VI*	
		15	VI	
		18		
	4	9	V bis VI	
		12	VI	
		15	VI	
		18		
5	1a	9	III bis VI	
		12	IV bis VI	

Tafel 10 (Fortsetzung)

Schmelze	Abstich	Proben-Durch-messer in mm	Erstarrungstyp c)	
	1	9	III bis VI	
		12	IV bis VI	
		15	II bis IV	
		18	II bis IV	
	2	9	III bis VI	
		12	IV bis VI	
		15	IV bis VI	
		18	VI	
	3	9	III bis VI	
		12	IV bis *VI*	
		15	III bis VI	
		18	V bis VI	
	4	9	VI	
		12	V bis *VI*	
		15	VI	
		18		
6	1a	9	I bis VI	
		12	II bis IV	
	1	9	II bis VI	
		12	II bis VI	
		15	I bis IV	
		18	II bis IV	
	2	9	IV bis VI	
		12	IV bis VI	
		15	IV bis VI	
		18	IV bis VI	
	3	9	V bis *VI*	
		12	IV bis VI	
		15	IV bis VI	
		18	V bis VI	
	4	9	VI	
		12	VI	
		15	VI	
		18		
7	1	9	IV bis *VI*	
		12	V bis VI	
		15	IV bis VI	
		18	V bis *VI*	
	2	9	III bis VI	
		12	III bis VI	
		15	II bis VI	
		18	IV bis VI	

Tafel 10 (Fortsetzung)

Schmelze	Abstich	Proben-Durch-messer in mm	Erstarrungstyp c)	
	3	9	V bis VI	
		12	V bis *VI*	
		15	IV bis VI	
		18	IV bis VI	
	4	9	V bis *VI*	
		12	IV bis VI	
		15	V bis VI	
		18		
8	1	9	IV bis VI	
		12	IV bis VI	
		15	VI	
		18	I bis III	
	2	9	III bis VI	
		12	III bis VI	
		15	I bis IV	
		18	I bis VI	
	3	9	IV bis VI	
		12	V bis VI	
		15	I bis III	
		18	I bis IV	
	4	9	I bis VI	
		12	IV bis VI	
		15	IV bis VI	
		18	III bis IV	
9	1	9	II bis VI	
		12	I bis VI	
		15	I bis III	
		18	II bis IV	
	2	9	I bis IV	
		12	II bis VI	
		15	I bis III	
		18	II bis IV	
	3	9	I bis VI	
		12	IV bis VI	
		15	I bis IV	
		18	I bis III	
	4	9	II bis IV	
		12	II bis IV	
		15	II bis VI	
		18	II bis IV	

Tafel 10 (Fortsetzung)

Schmelze	Abstich	Proben-Durchmesser in mm	Erstarrungstyp c)	
			unbehandelte Abstiche	behandelte Abstiche
Schmelzreihe D				
1	1	S d)	IV bis VI	
		9	V bis *VI*	
		12	V bis *VI*	
	2	S		IV bis VI
		9	V bis VI	V bis VI
		12	V bis *VI*	V bis *VI*
	3	S		IV bis VI
		9	V bis *VI*	V bis VI
		12		V bis VI
	4	S		V bis *VI*
		9	V bis VI	V bis *VI*
		12	*V* bis VI	VI
	5	S		VI
		9	V bis VI	V bis VI
		12	IV bis VI	V bis *VI*
	6	S		VI
		9		VI
		12	VI	VI
2	1	S	II bis IV	
		9	V bis VI	
		12	II bis IV (VI)	
	2	S		*I* bis IV
		9	I bis IV	I bis IV
		12	II bis IV	III bis VI
	3	S		*I* bis VI
		9	I bis IV	II bis IV
		12	II bis IV	I bis IV
	4	S		II bis IV
		9	V bis VI	III bis VI
		12	III bis VI	III bis VI
	5	S		III bis IV
		9	I bis IV	V bis VI
		12	II bis IV	III bis VI
	6	S		II bis IV (VI)
		9	II bis IV	II bis IV
		12	II bis IV	I bis IV
	7	S		I bis IV (VI)
		9	III bis IV	II bis IV
		12	I bis IV	

Tafel 10 (Fortsetzung)

Schmelze	Abstich	Proben-Durchmesser in mm	Erstarrungstyp c)	
			unbehandelte Abstiche	behandelte Abstiche
3	1	S	IV bis VI	
		9	V bis VI	
		12	*I* bis IV	
	2	S		I bis IV
		9	II bis III	II bis IV
		12	*I* bis III	II bis IV
	3	S		I bis IV
		9	II bis III	II bis III
		12	I bis III	II bis IV
	4	S		I bis IV
		9	I bis VI	III
		12	III bis IV	II bis IV
	5	S		III bis IV
		9	I bis IV	I bis IV
		12	I bis IV	I bis VI
	6	S		II bis IV
		9	II bis IV	*V* bis VI
		12	I bis VI	IV bis VI
	7	S		II bis IV
		9	V bis *VI*	IV bis VI
		12	IV bis VI	IV bis VI
4	1	S	III bis VI	
		9	II bis IV	
		12	II bis VI	
	2	S		II bis IV
		9	II bis IV	III bis VI
		12	II bis IV	II bis IV
	3	S		I bis IV
		9	I bis IV	*I* bis III
		12	II bis IV (VI)	IV bis VI (I)
	4	S		II bis IV
		9	V bis VI	I bis IV
		12	V bis VI	IV bis VI
	5	S		V bis VI
		9	V bis VI (II)	*V* bis VI
		12	V bis VI (I)	*V* bis VI
	6	S		
		9	IV bis VI	V bis VI
		12	V bis VI	IV bis VI (I)

Tafel 10 (Fortsetzung)

Schmelze	Abstich	Proben-Durch-messer in mm	Erstarrungstyp c) unbehandelte Abstiche	behandelte Abstiche
	7	S		V bis VI
		9	IV bis VI	IV bis VI
		12	*V* bis VI	*V* bis VI
5	1	S	II bis IV	
		9	I bis IV	
			II bis VI	
		12	III bis VI	
			II bis IV	
	2	S		I bis IV
		9	IV bis VI (II)	I bis IV
		12	II bis III	II bis IV
	3	S		I bis IV
		9	II bis VI	V bis VI
		12	II bis IV	I bis IV
	4	S		I bis IV
		9	II bis III	*V* bis VI
		12	II bis IV	*I* bis IV
	5	S		I bis IV
		9	V bis VI	V bis VI
		12	II bis IV	IV bis VI
	6	S		V bis VI
		9	*V* bis VI	I bis VI
		12	III bis VI	V bis VI
	7	S		V bis *VI*
		9	V bis *VI*	IV bis VI
		12	IV bis VI	IV bis VI
6	1	S	I bis IV	III bis VI (I)
		9	II bis VI	III bis VI
		12	I bis IV	
	2	S	II bis IV	III bis VI
		9	*I* bis IV	V bis VI
		12	II bis VI	
	3	S	III bis IV (VI)	IV bis VI
		9	I bis VI	V bis VI
		12	III bis VI	
	4	S	III bis VI	VI
		9	V bis VI	VI
		12	V bis VI	
Schmelzreihe E				
	1	S	II bis V (VI)	
		9	I bis IV	
		12	II bis IV	

Tafel 10 (Fortsetzung)

Schmelze	Abstich	Proben-Durchmesser in mm	Erstarrungstyp c)	
			unbehandelte Abstiche	behandelte Abstiche
	2	S	II bis V	
		9	II bis VI	
		12	III bis V (VI)	
	3	S	I bis IV (VI)	
		9	I bis III (VI)	
		12	I bis II	
	4	S	IV bis VI	
		9	IV bis VI	
		12	IV bis V (VI)	
	5	S		I bis IV
		9		III bis VI
		12		*I* bis III
	6	S	I bis IV	
		9	I bis IV	
		12	IV bis V	
	7	S		II bis IV (VI)
		9		III bis V (VI)
		12		IV bis VI
	8	S	I bis V (VI)	
		9	III bis VI	
		12	II bis V	
	9	S		I bis IV
		9		II bis VI
		12		III bis VI
	10	S	II bis IV	
		9	II bis IV	
		12	I	
	11	S		I bis IV
		9		*I* bis III
		12		II bis IV
	12	S	I bis III	
		9	II bis VI	
		12	IV bis VI	
	13	S		III bis VI
		9		IV bis VI
		12		IV bis V (VI)
	14	S	III bis IV (VI)	
		9	I bis IV	
		12	III bis V	

Tafel 10 (Fortsetzung)

Schmelze	Abstich	Proben-Durch-messer in mm	Erstarrungstyp c)	
			unbehandelte Abstiche	behandelte Abstiche
	15	S		II bis IV
		9		I bis III
		12		II bis IV
		15		II bis IV
		18		*II* bis IV
	16	S	I bis IV	
		9	II bis IV (VI)	
		12	III bis IV (VI)	
		15	*I* bis IV	
		18	II bis IV	
	17	S		II bis IV (VI)
		9		IV bis VI
		12		II bis IV (VI)
	18	S	*II* bis IV	
		9	III bis V (VI)	
		12	I bis III (IV)	

a) Ergebnisse der einheitlichen Schlußauswertung.
Die ungekürzte Arbeit [1]enthält ferner die Werte der maximalen Dendritenlänge und der maximalen Bündeldicke des Primäraustenits sowie Ergebnisse von Vergleichsmessungen.
b) Schmelzreihe A, B, C: unbehandelte Proben.
c) Nach Abb. 13 und Taf. 2.
d) S = Schlagbiegeprobe $55 \times 10 \times 10$ mm.

Die Schmelzen A1 und A2 sind scheinbare Ausnahmen. Bei A2 fiel gegen Ende der Haltezeit das Tauchthermoelement aus. Die Schmelze wurde abgekühlt, die angestrebte Abstichtemperatur ausnahmsweise geschätzt. Die wirkliche Abstichtemperatur hat vermutlich etwas tiefer gelegen. Aus zahlreichen Beispielen, die noch erläutert werden, geht hervor, daß die Abstichtemperatur einen sehr starken Einfluß ausübt (vgl. Abschnitt 5.2.4).
Den ersten Hinweis auf diesen Zusammenhang gab Schmelze A1, die nach Plan bei 1450 grd abgestochen wurde. Die Gießtemperatur lag, bedingt durch die verhältnismäßig lange Ofenrinne und durch den Zeitverlust bei der Temperaturmessung in der Pfanne, durchschnittlich 100 grd tiefer als die Abstichtemperatur. Daher wurde von Schmelze A2 an einheitlich bei 1500°C abgestochen (vgl. Abb. 15a). Der Kohlenstoffgehalt von Schmelze A1 ließ auf ein Gefüge schließen, das gegenüber der Schmelze A3, die aus dem gleichen Roheisen wie A1 hergestellt wurde, eher exogen als endogen sein sollte. Der Einfluß des Kohlenstoffs wurde aber durch die rd. 50 grd tiefere Abstich- und Gießtemperatur derart über-

Vergleich	a)		b)	
9 mm Dmr.	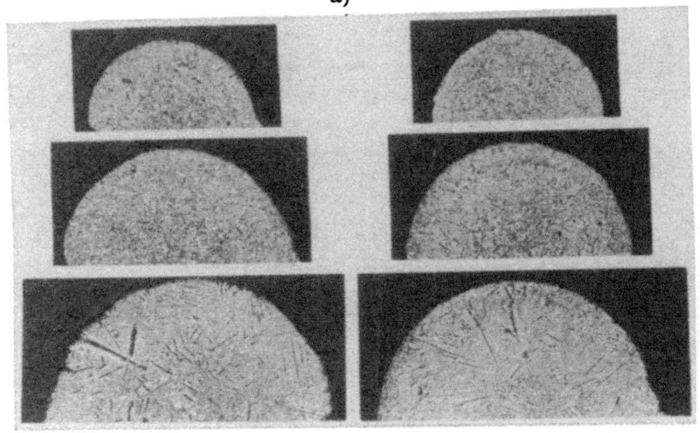		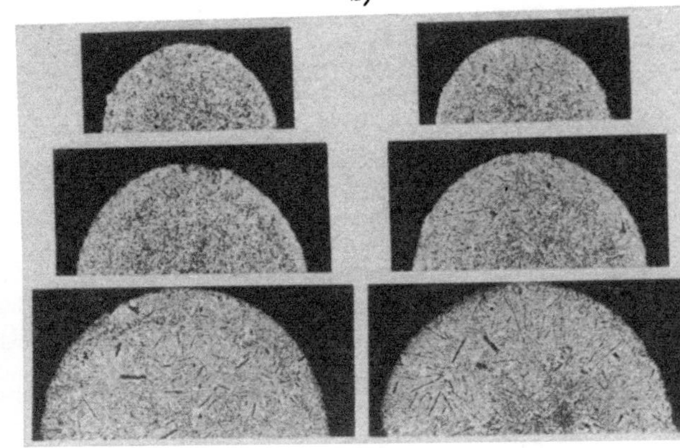	
12 mm Dmr.				
15 mm Dmr.				
Roheisen	VI a		VIII	
Anteil in %	57	58	45	45
Schmelze	A 4	A 11	A 8	A 12
C in %	2,54	2,47	2,33	2,35
Si in %	0,89	0,93	1,18	1,18
Mn in %	0,52	0,46	0,40	0,42
S in %	0,018	0,021	0,018	0,013
P in %	0,062	0,066	0,026	0,014
Erstarrungstyp des Primäraustenits nach Abb. 13				
9 mm Dmr.	V bis **VI**	V bis **VI**	VI	V bis **VI**
12 mm Dmr.	V bis **VI**	V bis **VI**	VI	V bis **VI**
15 mm Dmr.	**IV** bis VI	IV bis VI	V bis **VI**	IV bis VI
Übereinstimmung	sehr gut		gut	

Abb. 17 Beispiele für die Wiederholbarkeit der Makrogefügeausbildung von Temperrohguß
Ätzung Perchlorsäure 25%, 90° C, Maßstab 1:1, Original 4:1

a)

9 mm Dmr.

12 mm Dmr.

15 mm Dmr.

18 mm Dmr.

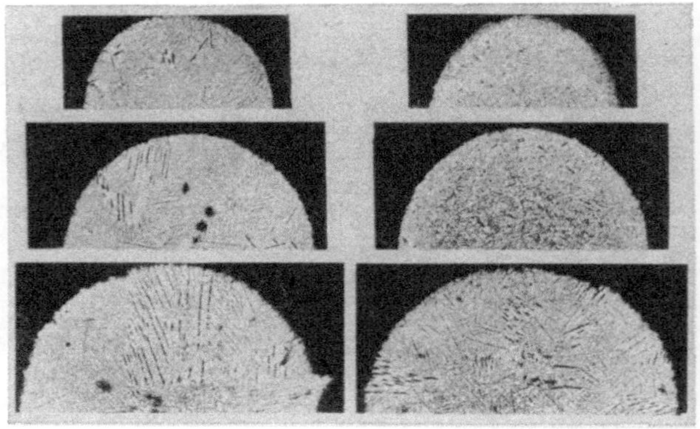

Probestäbe 18 DIN 50149
in Reihe A nicht abgegossen

b)

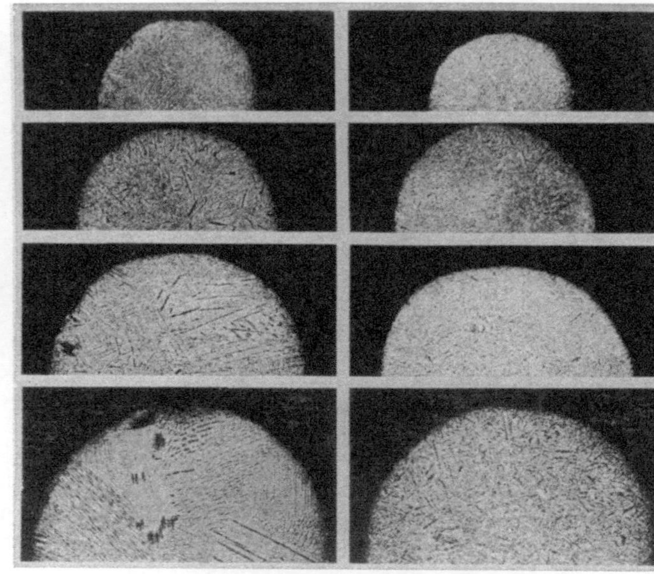

<u>Roheisen</u>	X		VII	
Anteil in %	65	65	19	14
<u>Schmelze</u>	A 6	A 10	B 13	B 6
C in % / Si in %	3,01 / 1,25	2,58 / 1,19	2,63 / 1,10	2,29 / 0,88
<u>Erstarrungstyp des Primäraustenits</u> nach Abb. 13				
9 mm Dmr.	IV bis VI	VI	III bis IV (VI)	IV bis VI
12 mm Dmr.	II bis IV (VI)	V bis VI	II bis IV	IV bis VI
15 mm Dmr.	III bis IV	IV bis VI	II bis IV	V bis VI
18 mm Dmr.	—	—	II bis IV	V bis VI
	exogen ⟷	endogen	exogen ⟷	endogen

Abb. 18 Einfluß des Kohlenstoffgehalts auf die Ausbildung des Primärgefüges von Temperrohguß
Ätzung Perchlorsäure: Reihe A, 25%, 90°C; Reihe B, 50%, 60–70°C; Maßstab 1:1, Original 4:1
a) Roheisenanteil 65% (Beispiele aus Reihe A)
b) Roheisenanteil 15–20% (Beispiele aus Reihe B)

Abb. 19 Einfluß des Kohlenstoffgehalts auf das Erstarrungsverhalten des Primäraustenits von Temperrohgußstäben 15 DIN 50149 (15 mm Dmr.) der Schmelzreihe A
Abstichtemperatur 1500° C

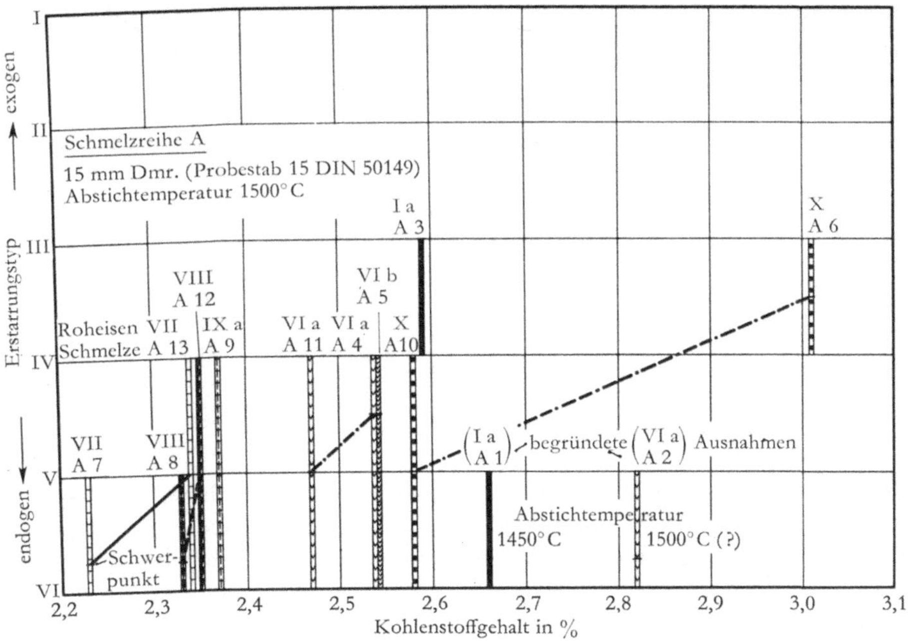

a) Erstarrungstyp

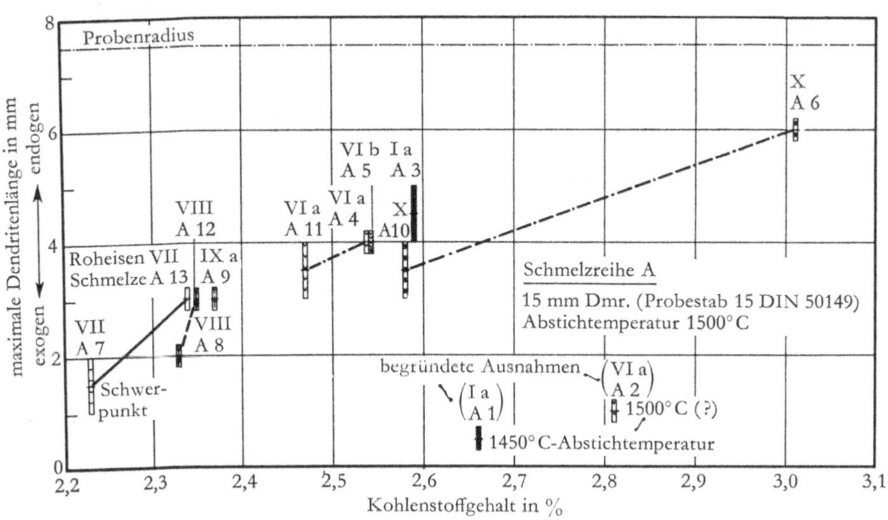

b) maximale Dendritenlänge

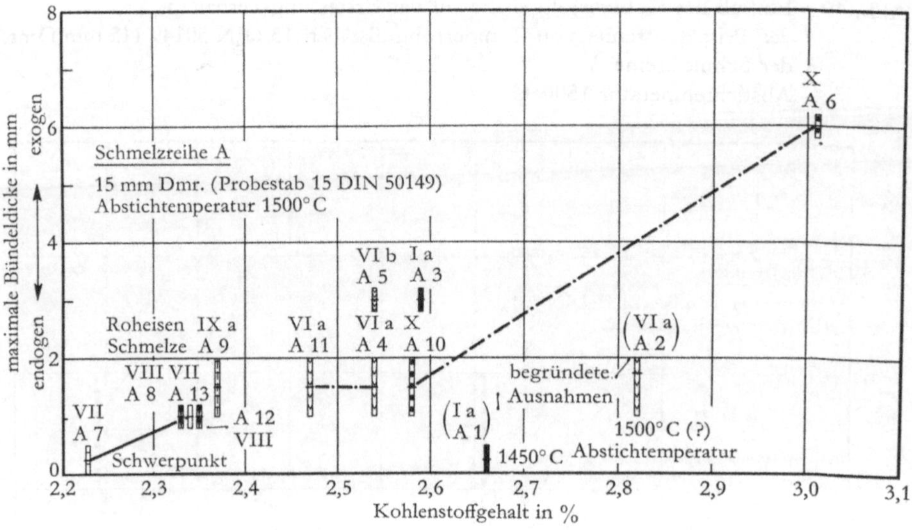

c) maximale Bündeldicke

deckt, daß ein ausgesprochen endogenes Gefüge entstand, selbst im 15-mm-Stab (Abb. 20). In gleicher Richtung kann auch der um 15% höhere Roheisenanteil bei Schmelze A1 gewirkt haben (vgl. Abschnitt 5.2.3). Schmelze A2 enthält ebenfalls 15% mehr Roheisen als A4 und A11. Die Abweichungen A1 und A2 sind damit befriedigend erklärbar.

Eine zusammenfassende Auswertung der 15-mm-Stäbe von Schmelzreihe B zeigt Abb. 21. Hier wird belegt, daß auch bei höherem Stahlanteil (rd. 80%) der Primäraustenit mit steigendem Kohlenstoffgehalt mehr exogen kristallisiert:

a) Der Erstarrungstyp nach Richtreihe Abb. 13 ändert sich von vorwiegend endogenen Formen bei geringen Kohlenstoffgehalten (etwa 2,3%) zu endogen-exogenen Mischformen (teilweise schon mit ausgeprägt exogenem Anteil) bei höheren Kohlenstoffgehalten (etwa 2,6%).
b) Die Dendriten werden länger,
c) die Dendritenbündel dicker.

Diese Beobachtungen überraschen, da die Roheisensorte, ähnlich Schmelzreihe A, mit Absicht geändert wurde. Der Kohlenstoffgehalt ist wahrscheinlich eine starke Einflußgröße. Die Wirkung des Kohlenstoffs auf den Erstarrungstyp tritt bei Reihe B (stahlreiche Gattierungen) mehr zu Tage als bei Reihe A (roheisenreiche Gattierungen); vgl. Abschnitt 5.2.3.

Wie Abb. 19 für Reihe A, zeigt Abb. 21 für Reihe B, daß der Zusammenhang zwischen Kohlenstoffgehalt und Erstarrungsverhalten besonders eindeutig bei Schmelzen ist, die aus dem gleichen Roheisen hergestellt wurden (B6 und B13; B8 und B14).

Als weitere Stützen für die Beziehung zwischen Kohlenstoffgehalt und Erstarrungstyp sind vor allem die Schmelzen der Reihe C geeignet, da Art und

9 mm Dmr.

12 mm Dmr.

15 mm Dmr.

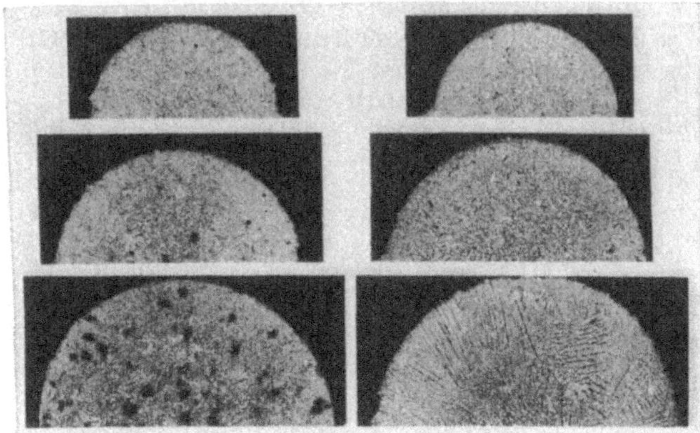

Roheisen	I a	
Anteil in %	76	61
Schmelze	A 1	A 3
C in %	2,66	2,59
Si in %	1,50	1,18
Abstichtemperatur in °C	1450	1500
Erstarrungstyp des Primäraustenits nach Abb. 13		
9 mm Dmr.	V bis **VI**	V bis **VI**
12 mm Dmr.	VI	V bis **VI**
15 mm Dmr.	V bis **VI**	III bis IV
	mehr endogen als A 3	mehr exogen als A 1

Abb. 20 Überlagerung der Einflüsse von Roheisenanteil, Kohlenstoffgehalt und Abstichtemperatur
Ätzung Perchlorsäure 25%, 90° C, Maßstab 1:1, Original 4:1

Anteil des Roheisens an der Gattierung gleich blieben (20% Roheisen Ib, 80% Stahl). Abstiche mit übereinstimmender Schmelzführung (vgl. Abb. 15c) enthält Tafel 11.

Die dem Abstich 1 von Schmelze C5 vorausgehende Schmelzführung entspricht der Normalschmelzführung von Reihe A und B. Der Roheisenanteil stimmt in Reihe B und C überein (20%, Rest Stahl). Schmelze B5 enthält die gleiche Roheisensorte wie alle Schmelzen der Reihe C: niedrigsiliciertes graues Temperroheisen I, von ein und demselben Hersteller, wenn auch aus unterschiedlichen Lieferungen (Ia für B5, Ib für C). Ergänzend zu den Parallelen aus Reihe C ist daher ein Vergleich von B5 mit C51 zulässig.

In Abb. 22 fehlen die Werte für C41a, C51a und C61a, da von diesen Abstichen keine 15-mm-Proben gegossen wurden. Die Werte der 12-mm-Stäbe in Abb. 23 zeigen aber, daß die drei 1a-Abstiche den erwarteten Zusammenhang verdeut-

Abb. 21 Einfluß des Kohlenstoffgehalts auf das Erstarrungsverhalten des Primäraustenits von Temperrohgußstäben 15 DIN 50149 (15 mm Dmr.) der Schmelzreihe B
Abstichtemperatur 1500° C

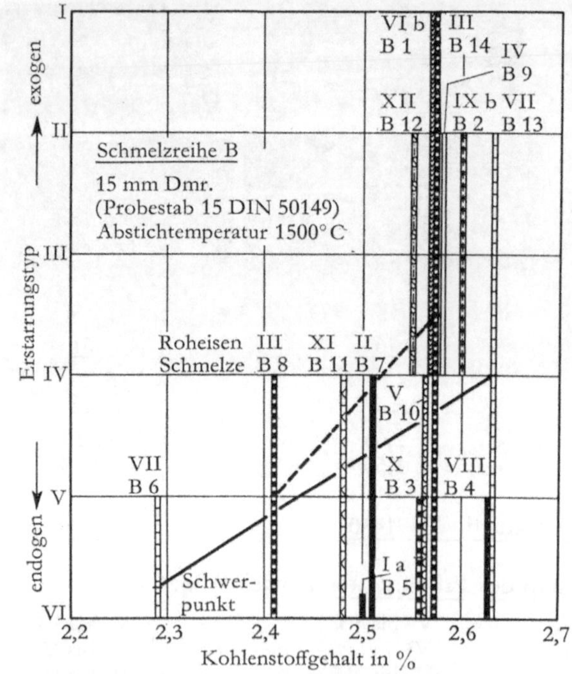

a) Erstarrungstyp

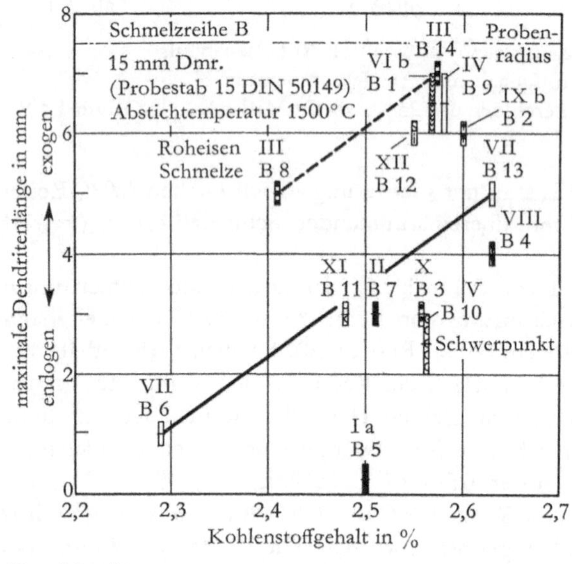

b) maximale Dendritenlänge

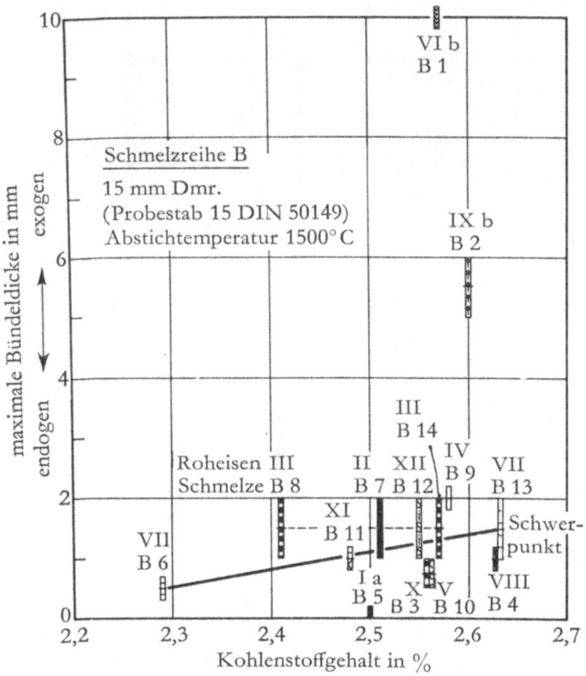

c) maximale Bündeldicke

Tafel 11 *Abstiche gleicher Gattierung und gleicher Schmelzführung*
(meist Reihe C, 1 Schmelze aus Reihe B)

Schmelzführung	Schmelze	Abstich
1500° C, 15 min	C 3	1
	C 4	1a
	C 7	2
1550° C, 15 min	C 2	1
	C 5	1a
	C 8	2
1600° C, 15 min	C 1	1
	C 6	1a
	C 9	2
1500° C, 15 min, 1450° C, 15 min	C 3	2
	C 4	2
1550° C, 15 min, 1500° C, 15 min	C 2	2
	C 5	2
1550° C, 15 min, 1550° C, 0 min	C 5	1
	B 5	–

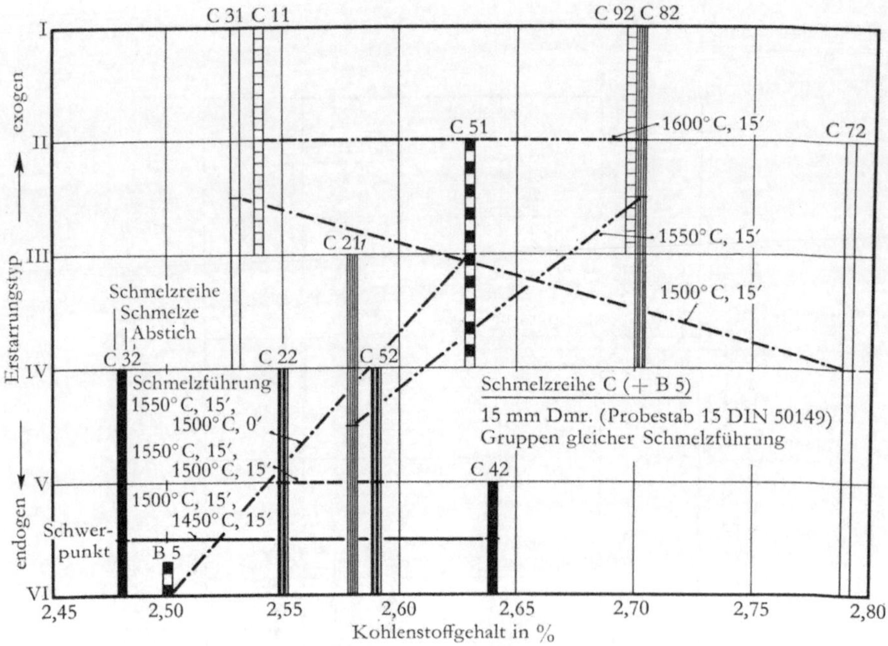

Abb. 22 Einfluß des Kohlenstoffgehalts und der Schmelzführung auf den Erstarrungstyp des Primäraustenits von Temperrohgußstäben 15 DIN 50149 (15 mm Dmr.) aus Schmelzen gleicher Gattierung (Schmelzreihe C)

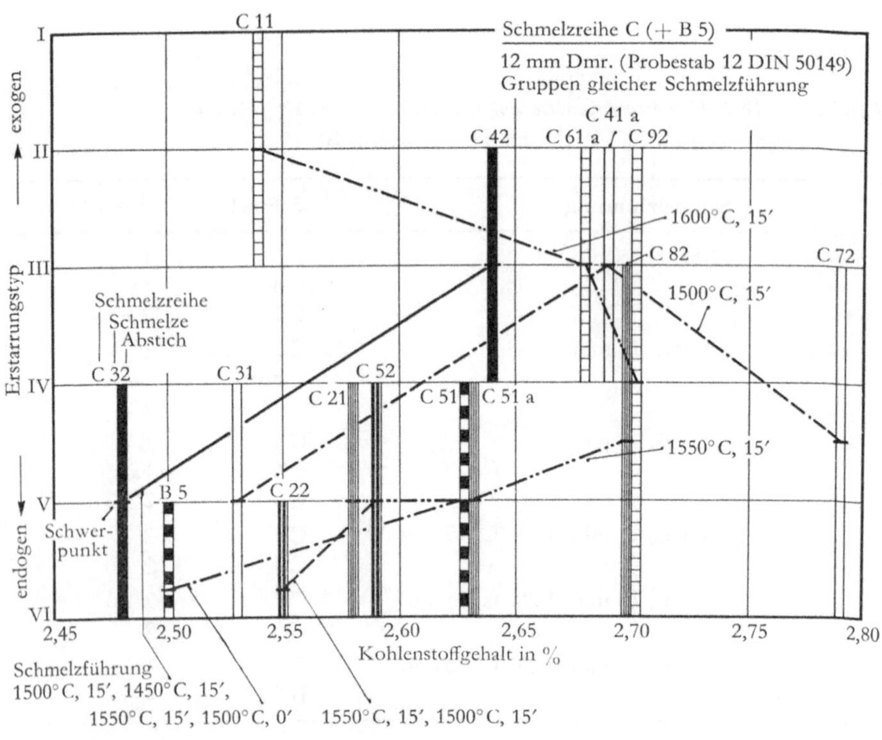

Abb. 23 Einfluß des Kohlenstoffgehalts und der Schmelzführung auf den Erstarrungstyp des Primäraustenits von Temperrohgußstäben 12 DIN 50149 (12 mm Dmr.) aus Schmelzen gleicher Gattierung (Schmelzreihe C)

lichen. Da in Abb. 22 und 23 Probengruppen mit unterschiedlicher Schmelzführung enthalten sind, wird verständlich, warum die Gruppenwerte auf verschiedener Höhe liegen. Hier zeigt sich schon deutlich der Einfluß der Schmelzführung. Besondere Beachtung im Hinblick auf den Kohlenstoffeinfluß verdienen Gefügeänderungen innerhalb ein und derselben Probengruppe (gleiche Soll-Schmelzführung; siehe Taf. 11 und Bezeichnung der Verbindungslinien).

Im allgemeinen bestätigen die Abb. 22 und 23, daß der Primäraustenit um so mehr exogen kristallisiert, d. h. um so tiefer einstrahlt, je höher der Kohlenstoffgehalt der Schmelze ist. Diese Beziehung gilt vor allem für Proben mit gleicher Schmelzführung (Abb. 24). Gleiche Gattierung war in den Abb. 22–24 vorausgesetzt.

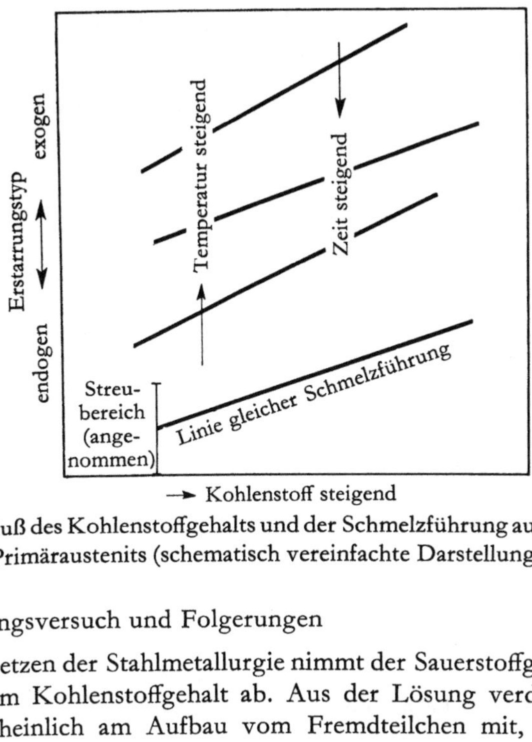

Abb. 24 Einfluß des Kohlenstoffgehalts und der Schmelzführung auf den Erstarrungstyp des Primäraustenits (schematisch vereinfachte Darstellung der Abb. 22 und 23)

5.2.1.2 Deutungsversuch und Folgerungen

Nach den Gesetzen der Stahlmetallurgie nimmt der Sauerstoffgehalt der Schmelze mit steigendem Kohlenstoffgehalt ab. Aus der Lösung verdrängter Sauerstoff wirkt wahrscheinlich am Aufbau vom Fremdteilchen mit, die ihrerseits den Kristallisationsvorgang der Hauptphasen beeinflussen. Daher ist ein Zusammenhang zwischen Kohlenstoffgehalt und Erstarrungsverhalten möglich.

Nach F. Körber und W. Oelsen [46] reagieren Kohlenstoff und Sauerstoff in Eisenschmelzen zu Kohlenmonoxid:

$$[C] + [O] \rightleftarrows \{CO\} \qquad K = \frac{p_{CO}}{[C] \cdot [O]}$$

Nach H. Schenck und J. Chipman [47] sind den Konzentrationen von Kohlenstoff und Sauerstoff die Aktivitäten vorzuziehen:

$$K = \frac{p_{CO}}{a_C \cdot a_O}$$

Die Aktivitäten sind Funktionen der jeweiligen Konzentration, der Eigenaktivitätskoeffizienten des Kohlenstoffs bzw. Sauerstoffs und der Aktivitätskoeffizienten des Sauerstoffs auf Kohlenstoff und umgekehrt:

$$a_C = f([C], f_C^C, f_C^O)$$
$$a_O = f([O], f_O^O, f_O^C)$$

Berücksichtigt man die vier Aktivitätskoeffizienten $f_C^C, f_C^O, f_O^O, f_O^C$, so geht K in K_C' über:

$$K_C' = \frac{p_{CO}}{[C] \cdot [O]}$$

$$[C] \cdot [O] = \frac{1}{K_C'} \cdot p_{CO} = K_C \cdot p_{CO}$$

K_C nimmt mit fallender Temperatur ab, z. B. um 0,0005 beim Übergang von 1650 auf 1550°C:

1650°C $[C] \cdot [O] = 0{,}0027 \cdot p_{CO}$
1550°C $[C] \cdot [O] = 0{,}0022 \cdot p_{CO}$
(nach F. Körber und W. Oelsen [46])

Annahmen:

	p_{CO}	1 at	1 at
	[C]	1%	3%
1650°C	[O]	0,0027%	0,0009%
1550°C	[O]	0,0022%	0,0007%
ausgeschiedene Menge	Δ [O]	0,0005%	0,0002%

Dieses Beispiel mit Ausgangsdaten aus der Stahlmetallurgie wird qualitativ auf Bereiche tieferer Temperaturen erweitert werden können.

Einschränkungen zur Formel $[C] \cdot [O] = K_C \cdot p_{CO}$ sind:

a) Ungleichgewichte der Teilreaktionen, von H. Schenck und Mitarbeitern [47, 48] nachgewiesen durch meßbare Reaktionsgeschwindigkeit des Entkohlungsvorgangs im basischen Siemens-Martin-Ofen:

$$[FeO] + [C] \rightleftarrows [Fe] + \{CO\}$$
$$v_1 = K_1 \cdot [FeO] \cdot [C]$$
$$v_2 = K_2 \cdot p_{CO}$$
$$-\frac{dC}{dt} = v = v_1 - v_2 = K_1 \cdot [FeO] \cdot [C] - K_2 \cdot p_{CO}$$

b) Ungleichgewichte durch Siedeverzüge, daher nach F. Körber und W. Oelsen [46] höhere Sauerstoffgehalte als theoretisch zu erwarten.

c) Berücksichtigung der Aktivitäten. Dies müßte bei den von F. Körber und W. Oelsen [46] ermittelten K_C-Werten summarisch zutreffen. Bei Gußeisenlegierungen einschließlich Temperguß sind Verschiebungen möglich, weil der

Gehalt an Eisenbegleitern, besonders Kohlenstoff und Silicium, meist höher ist als bei Stählen. Daher können auch stärkere Wechselwirkungen und Aktivitätsänderungen auftreten. Als Folge ist aber eine Parallelverschiebung der betrachteten Vorgänge wahrscheinlicher als eine Richtungsumkehr.

Ähnliche Einschränkungen forderte der Versuch von W. OELSEN, K. ROESCH und K. ORTHS [27], die Gesetze der Kieselsäurereduktion durch Kohlenstoff von Stahl auf Gußeisen zu übertragen. Trotzdem war dieser Ansatz erfolgreich.

Unter vereinfachenden Annahmen ist daher denkbar, daß Kohlenstoff und Sauerstoff sich auch in Gußeisenschmelzen wechselseitig aus der Lösung verdrängen. Bei höherem Kohlenstoffgehalt ist weniger Sauerstoff gelöst. In gleichem Temperaturintervall wird, wie oben rechnerisch belegt wurde, bei höherem Kohlenstoffgehalt weniger Sauerstoff abgeschieden. Setzt man voraus, daß Sauerstoff am Aufbau von Fremdteilchen mitwirkt, so werden wahrscheinlich weniger Fremdteilchen, z. B. Kieselsäure, gebildet. Die Schmelze erstarrt daher bei höherem Kohlenstoffgehalt mehr exogen, der Primäraustenit strahlt tiefer ein.

Ein scheinbarer Gegengrund ist die Feststellung von B. CHALMERS und Mitarbeitern [49] sowie von W. PATTERSON und S. ENGLER [26], daß die konstitutionelle Unterkühlung als Differenz zwischen theoretischer Liquidustemperatur und wahrer Temperatur mit steigendem Legierungsgehalt zunimmt. Die endogene Keimbildung müßte demnach zunehmen. Gemeint ist hier aber die homogene Keimbildung der Hauptphasen, z. B. des Austenits, während die vorige Deutung die heterogene Keimbildung behandelt. Wahrscheinlich überlagern sich beide Vorgänge. Die Auswirkung auf den Fremdteilchengehalt kann stärker sein als auf die homogene Keimbildung des Austenits. Das Gefüge wird dann mit steigendem Kohlenstoffgehalt mehr exogen.

5.2.2 Einfluß des Siliciums

Gemessen an der Menge des Sauerstoffs, die beim Abkühlen und Erstarren technischer Eisen–Kohlenstoff-Schmelzen frei wird, ist Silicium stets im Überschuß vorhanden. Unterschiede im Siliciumgehalt sollten daher für das Erstarrungsverhalten des Primäraustenits keine wesentliche Rolle spielen. Zum Beispiel stimmten zwei Schmelzen mit gleichem Roheisen, gleichem Roheisenanteil, gleicher Schmelzführung, gleichem Kohlenstoffgehalt, aber unterschiedlichem Siliciumgehalt (Unterschied etwa 0,35% Si) im Erstarrungstyp fast überein (Abb. 25). Die Zahl der verfügbaren Beispiele reicht aber für einen sicheren Beweis noch nicht aus. Weitere Versuche sind erforderlich.

Aufschlußreich ist in diesem Zusammenhang die Feststellung von T. B. SMITH und Mitarbeitern [50], daß bei untereutektoiden niedriglegierten Stählen mit 0,3–0,4% C, 1,5% Ni, 1,0% Cr und 0,3% Mo die Länge der Dendriten mit steigendem Silicium- und Mangangehalt abnahm, gleiche Gießtemperatur vorausgesetzt. Die endogene Keimbildung bei den Stählen mit höheren Silicium- und Manganwerten ist anschaulich durch die stärkere konstitutionelle Unterkühlung erklärbar. Der höhere Silicium- und Mangangehalt kann auch die Zahl der

9 mm Dmr.

12 mm Dmr.

Roheisen	I b	
Anteil in %	20	20
Schmelze	C 92	C 61 a
C in %	2,70	2,68
Si in %	0,78	1,12

Erstarrungstyp des Primäraustenits nach Abb. 13

9 mm Dmr.	I bis IV	I bis VI
12 mm Dmr.	II bis VI	II bis IV
	fast gleich	

Abb. 25 Primärgefüge von Schmelzen mit unterschiedlichem Siliciumgehalt
Beispiele aus Reihe C, Ätzung Perchlorsäure, Maßstab 1:1, Original 4:1

Fremdteilchen erhöht haben. Dann überlagern sich zwei Einflüsse, die beide in Richtung endogener Kristallisation wirken. Zu prüfen ist noch, ob der beobachtete Zusammenhang auf Silicium oder Mangan oder auf beide Elemente zurückgeht.

5.2.3 Einfluß der Gattierung

Ein Vergleich der Schmelzreihen A und B (Abb. 19 und 21) zeigt, daß die Schmelzen mit höherem Stahlanteil mehr zu exogener Kristallisation neigen (Abb. 26). Bei stahlreichen Gattierungen war der Kohlenstoffeinfluß stärker als bei roheisenreichen Gattierungen. Unterschiede traten vor allem bei Kohlenstoffgehalten über etwa 2,5% auf.

Die Ursache kann in dem gemeinsamen Einfluß der vorhandenen und der neu gebildeten Fremdteilchen gesehen werden:

Bei roheisenreichen Gattierungen sind vermutlich schon vom Einsatz her zahlreiche Fremdteilchen vorhanden. Der spürbare Einfluß des Kohlenstoffs auf die Zahl der neu gebildeten Fremdteilchen ist daher verhältnismäßig gering. Die Schmelze erstarrt ziemlich endogen. Bei stahlreichen Gattierungen ist der Einsatz wahrscheinlich fremdteilchenarm. Wenn bei höherem Kohlenstoffgehalt außerdem weniger Fremdteilchen während der Abkühlung entstehen, wird das Gefüge ausgeprägt exogen. Die Kohlenstoffabhängigkeit ist hier stärker.

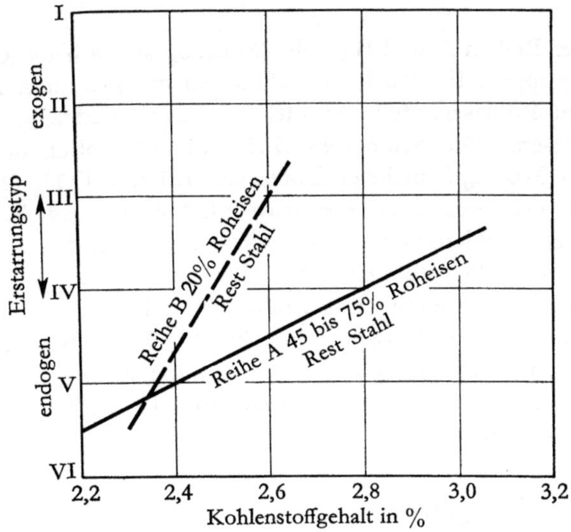

Abb. 26 Einfluß des Kohlenstoffgehalts und der Gattierung auf den Erstarrungstyp des Primäraustenits von Temperrohgußstäben 15 DIN 50149 (15 mm Dmr.), vereinfachte Zusammenfassung der Abb. 19a und 21a

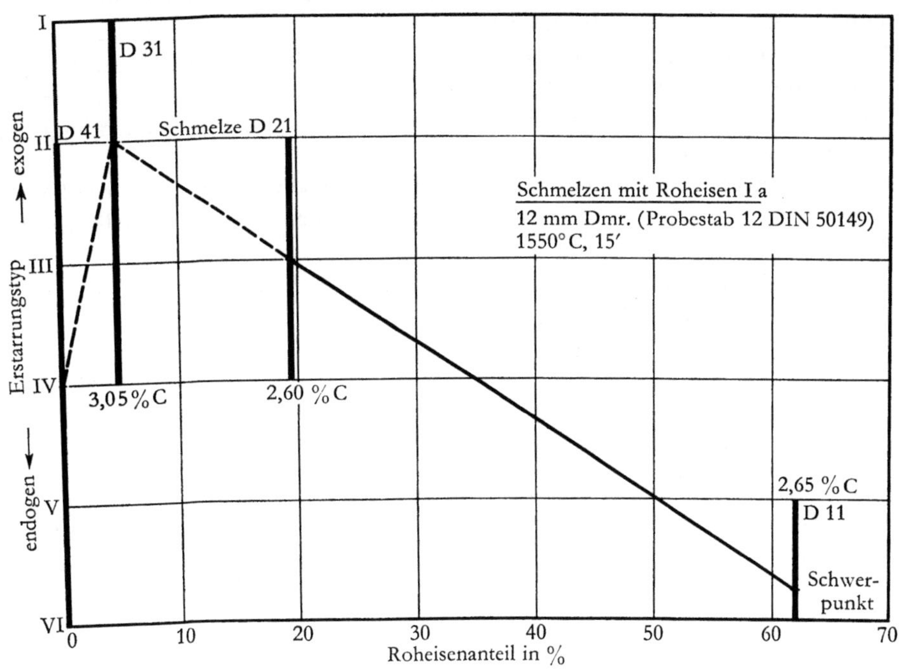

Abb. 27 Einfluß des Anteils von grauem niedrigsiliciertem Temperroheisen auf den Erstarrungstyp des Primäraustenits in Temperrohgußstäben 12 DIN 50149 (12 mm Dmr.) der Schmelzreihe D
Schmelzführung: Aufheizen auf 1550° C, 15 min Halten, Abstich (erste Abstiche der Schmelzen D 1 bis D 4)

Der Vergleich der Reihen A und B (Abb. 26) bezog sich auf die Gesamtheit der beiden Schmelzgruppen. Er wurde an Schmelzen mit gleichem Roheisen, aber unterschiedlichem Roheisenanteil geprüft (Abb. 27), wieder gleiche Schmelzführung vorausgesetzt. Die Schmelzen D41 und D31 sollen unberücksichtigt bleiben, weil sie 0,3–0,4% C mehr enthalten als D21 und D11. Dagegen ist der Verlauf zwischen D21 und D11, die beide rd. 2,6% C aufweisen, wegen des übereinstimmenden Kohlenstoffgehalts gesichert. Er zeigt, daß der Primäraustenit bei gleichem Kohlenstoffgehalt und gleicher Schmelzführung mit steigendem Roheisenanteil mehr endogen kristallisiert, d. h. weniger tief einstrahlt. Abb. 27 bestätigt somit die Aussage von Abb. 26. Wahrscheinlich vererbt das Roheisen seine Anlagen auf den Guß. Diese Zusammenhänge müßten in systematischen Versuchen mit anderen Roheisensorten in ähnlich großen Zusatzbereichen überprüft werden.

5.2.4 Einfluß der Schmelzführung

5.2.4.1 Schmelzreihe C

Die Abb. 22–24 zeigten bereits, daß die Schmelzführung einen starken Einfluß auf das Erstarrungsverhalten ausübt, gleiche Gattierung vorausgesetzt. In Gruppen gleicher Schmelzführung kristallisierte der Primäraustenit mit steigendem Kohlenstoffgehalt in der Regel mehr exogen. Sieht man von diesen kohlenstoffbedingten Unterschieden ab, so ist in den Abb. 22–24 eine klare Richtung in der Höhenlage der Kurven zu erkennen, verdeutlicht durch die Anordnung der Schmelzführungsdaten:
Mit abnehmender Schmelztemperatur bei gleicher Haltezeit, ferner mit fallender Abstichtemperatur und zunehmender Haltezeit vor dem Abstich kristallisiert der Primäraustenit mehr endogen:

1600° C,	15 min			exogen ↑
1550° C,	15 min			
1500° C,	15 min			
1550° C,	15 min,	1500° C,	0 min	
1550° C,	15 min,	1500° C,	15 min	
1500° C,	15 min,	1450° C,	15 min	↓ endogen

Im Mittelfeld sind Überschneidungen möglich. Die Richtung bleibt erhalten (vgl. Abb. 24). Die wesentliche Aussage der Abb. 22–24 ist, daß *Kohlenstoffgehalt und Schmelzführung unabhängige Einflußgrößen* sind.
Gefügeaufnahmen zum ersten Teilprogramm der Schmelzreihe C (vgl. Abb. 15c) zeigt Abb. 28a. Mit fallender Abstichtemperatur und zunehmender Schmelzzeit strahlt der Primäraustenit weniger ein. Die ersten Abstiche der Schmelzen 1, 2, 3 erstarrten exogen, die letzten Abstiche eindeutig endogen. Die mittleren Abstiche haben exogen-endogene Mischgefüge. Dieser stufenweise Übergang von exogener zu endogener Kristallisation war der Grund, die ersten drei Abstiche von Schmelze 1 und die drei Abstiche von Schmelze 2 zum Aufbau der Gefügerichtreihe für den Erstarrungstyp heranzuziehen (vgl. Abb. 13).

Abb. 28 Einfluß der Schmelzführung auf die Erstarrung von Temperrohgußstäben 15 DIN 50149 (15 mm Dmr.) der Schmelzreihe C, vgl. Abb. 15c
Ätzung Perchlorsäure 25%, 90°C, Maßstab 1:1, Original 4:1

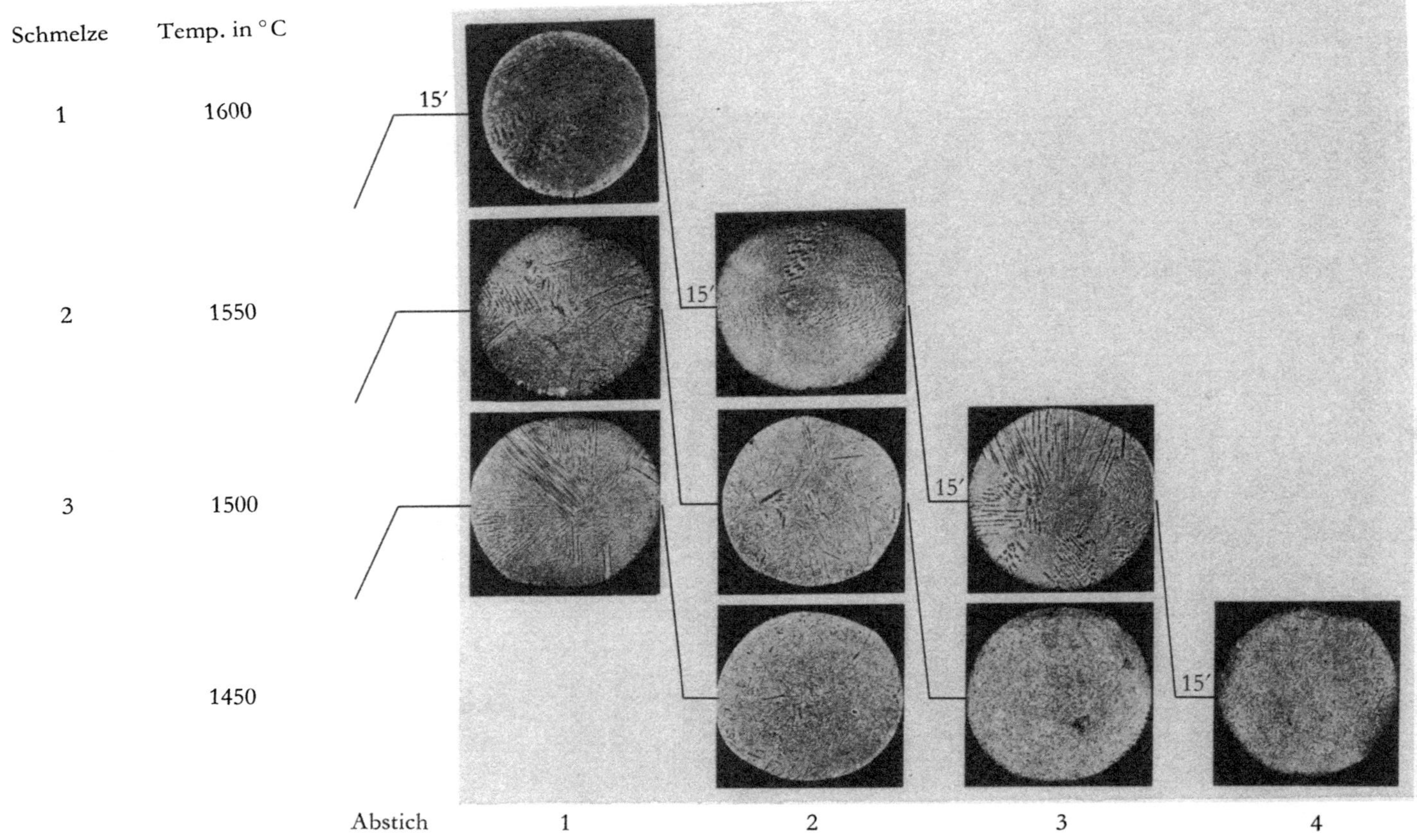

a) Schmelzen 1–3

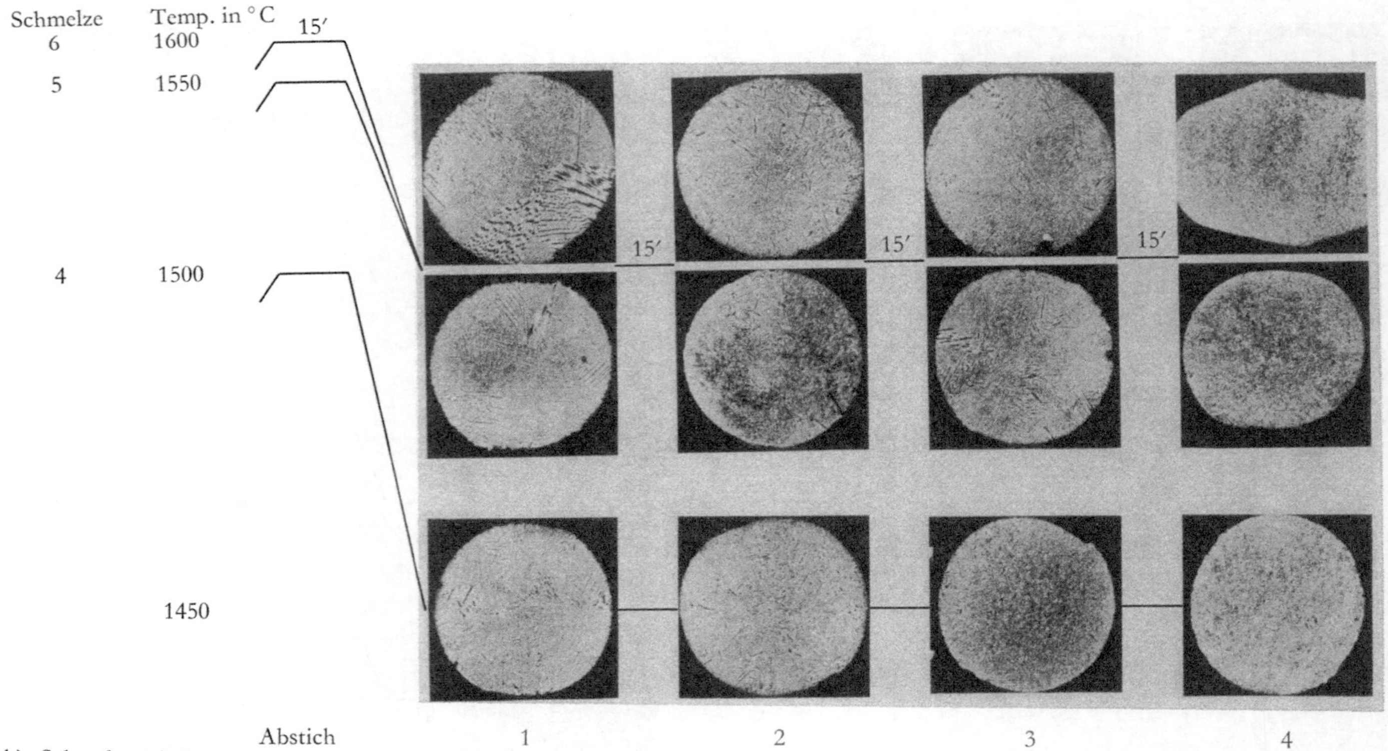

b) Schmelzen 4–6

Schmelze	Temp. in °C
9	1600
8	1550
7	1500

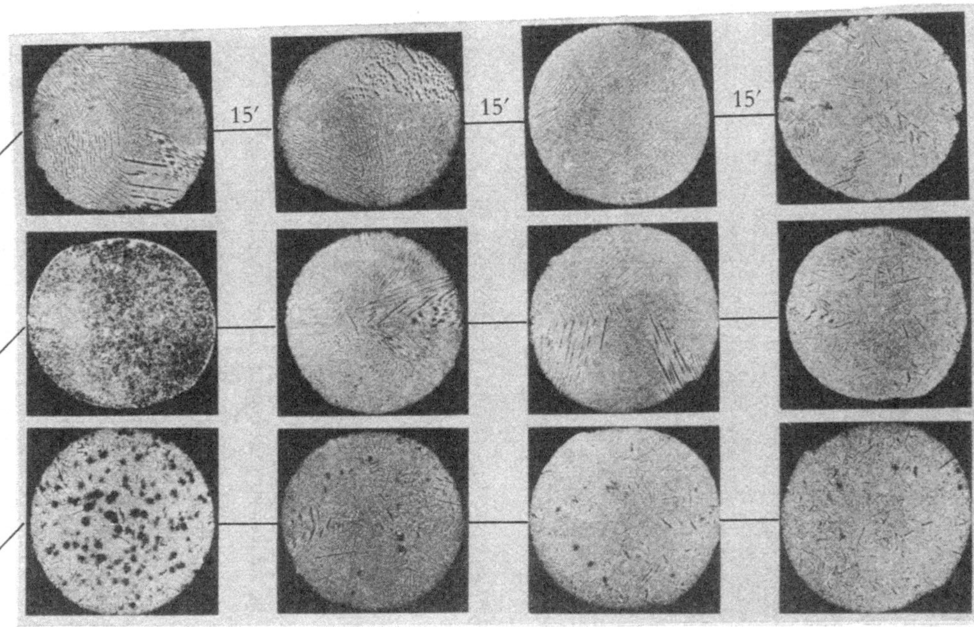

Abstich 1 2 3 4

c) Schmelzen 7–9

Die Abb. 28a zeigt, daß eine besonders starke Verfeinerung des Primäraustenits bei Abstichtemperaturen unter 1500° C eintritt. Ein bemerkenswertes Beispiel ist Schmelze 3: Abstich 1 nach 15 min Halten bei 1500° C ergab ein rein exogenes Gefüge, Abstich 2 nach Abkühlen der im Ofen verbliebenen Schmelze auf 1450° C und 15 min Halten führte zu einem rein endogenen Gefüge. Auch in Schmelze 1 erfolgte der Umschlag von exogen nach endogen im wesentlichen bei Abstichtemperaturen zwischen 1500 und 1450° C. Offenbar wird unterhalb 1500° C Abstichtemperatur die endogene Erstarrung kräftig gefördert, fast schlagartig.
Im dritten Abstich von Schmelze 1 (1500° C) ist der Beginn der endogenen Kristallisation deutlich erkennbar: Die Außenzonen sind exogen erstarrt (Dendritenbündel wuchsen vom Rand zur Mitte), der endogen erstarrte Kern der Probe enthält dagegen nichtorientierte Dendriten. Bei Abstich 4 von Schmelze 1 (1450° C) ging die Kristallisation von zahlreichen, über den Querschnitt ziemlich gleichmäßig verteilten Keimen aus. Die Dendriten entstanden und wuchsen unabhängig (meist als Einzeldendriten, in einigen Fällen noch schwach gebündelt, aber fast ganz ohne Orientierung zum Rand), ein typisches Beispiel für endogene Kristallisation.
Die Abb. 28b und c bestätigen die bisherigen Beobachtungen. Abb. 28b (vgl. Abb. 15c, 2. Teilprogramm) deutet an, daß der erste Abstich um so mehr exogen erstarrt, d. h. um so tiefer einstrahlt, je höher die Überhitzungstemperatur lag. Bei C41 war gleichzeitig die Abstichtemperatur 50 grd tiefer als bei C51 und C61. Daher kristallisierte C41 aus zwei Gründen verhältnismäßig endogen. Der Unterschied zwischen C51 und C61 ist gering. Beide Proben erstarrten stark exogen. Offenbar reichte die Abkühlzeit zwischen Überhitzungs- und Abstehtemperatur nicht aus, um Fremdteilchen zu bilden, da beide Abstiche sofort nach Erreichen der Haltetemperatur (1500° C) entnommen wurden. Schon nach 15 min Haltezeit bei 1500° C wäre endogene Keimbildung möglich gewesen, wie der dritte Abstich von Schmelze 1 in Abb. 28a zeigte und wie Abb. 28b bestätigt. Mit zunehmender Haltezeit bei gleicher Abstehtemperatur geht die exogene Kristallisation immer mehr in eine bevorzugt endogene Kristallisation über.
Gleiche Feinheit des endogenen Gefüges erfordert bei tieferer Abstehtemperatur eine kürzere Abstehzeit als bei höherer Abstehtemperatur. Verlangt man z. B. gleichzeitig den Erstarrungstyp VI, eine maximale Dendritenlänge $\leqq$ 1 mm und eine maximale Bündeldicke von 0 mm (völlig regellose Einzeldendriten; vgl. Abschnitt 3.2), so sind zur Einstellung dieses extrem endogenen Gefüges notwendig:

bei 1500° C Abstehtemperatur etwa 45 min Haltezeit (Schmelze 5 und 6),
bei 1450° C Abstehtemperatur etwa 30 min Haltezeit (Schmelze 4).

Endogenes Gefüge, wenn auch mit längeren Dendriten und teilweise mit Dendritenbündeln, tritt schon wesentlich früher auf:

bei 1500° C Abstehtemperatur nach 15 min Haltezeit (Schmelze 5 und 6),
bei 1450° C Abstehtemperatur nach 0 min Haltezeit (Schmelze 4).

Weitere Untersuchungen an Proben und realen Gußstücken müssen zeigen,

welcher *Grad* des endogenen Gefüges ausreicht, um Warmrisse mit Sicherheit zu unterdrücken.
Abb. 28c (vgl. Abb. 15c, 3. Teilprogramm) läßt erkennen, daß steigende Schmelztemperatur bei gleicher Haltezeit zu tiefer eingestrahltem Primäraustenit führt. Bei gleicher Schmelztemperatur kristallisiert der Primäraustenit mit zunehmender Haltezeit mehr endogen. Der Übergang von exogen nach endogen erfolgt um so später, je höher die Schmelztemperatur ist.
Zusammenfassend und vereinfachend kann aus Abb. 28 geschlossen werden:
Der Primäraustenit kristallisiert um so stärker endogen, d. h. er strahlt um so weniger ein,

a) je tiefer die Abstichtemperatur,
b) je länger die Schmelzzeit ist.

Diese Aussage gilt für Abstichtemperaturen zwischen 1600 und 1450°C und Haltezeiten zwischen 0 und 45 min (Schmelzen C1 und D6 60 min), ohne Abkühlzeiten.
Die Abb. 22 und 23 hatten (überwiegend an Beispielen aus Reihe C) gezeigt, daß Kohlenstoffgehalt und Schmelzführung unabhängige Einflußgrößen sind (vgl. Abb. 24). Diese Feststellung ist aufschlußreich, da gerade in Schmelzreihe C mit fortschreitender Schmelzdauer ein Kohlenstoffabbrand eintrat. Nach den Abb. 22 und 23 hat die Abnahme des Kohlenstoffgehalts den Übergang von exogener zu endogener Erstarrung verstärkt, die eigentliche Ursache der ausgeprägten Unterschiede im Erstarrungsverhalten ist aber die Schmelzführung. Dies geht auch daraus hervor, daß die Abb. 22 und 23 für einen verhältnismäßig engen Konzentrationsbereich des Kohlenstoffs gelten (2,5–2,8% C). Um so bemerkenswerter ist der Einfluß des Kohlenstoffs bei gleichbleibender Schmelzführung. Die Beispiele in Abb. 22 sind in Abb. 28 durch Gefügeaufnahmen belegt.
Eine weitere Gegenüberstellung: Die Vergleiche in den Abb. 22 und 23 beschränken sich auf Gruppen mit jeweils gleicher Soll-Schmelzführung (vgl. Abb. 15c). Die Beispiele mußten daher dem Anfangsbereich des Programms entnommen werden: Schmelzzeiten 15 min und (als Summe bei Überhitzungs- und Abstichtemperatur) 30 min, ohne Abkühlzeiten. Um bei annähernd gleicher chemischer Zusammensetzung, vor allem bei gleichem Kohlenstoffgehalt, den Einfluß der Schmelzzeit in weiten Grenzen zu prüfen, wurden nach Taf. 8 die Abstiche C41 und C74 ausgewählt. Abstich 1 von Schmelze 4 (C41) war 15 min bei 1500°C gehalten und unmittelbar nach Erreichen von 1450°C dem Ofen entnommen worden. Abstich 4 von Schmelze 7 (C74) erfolgte nach 45 min Halten bei 1500°C. Nach den Abb. 28b und c ist C74 eindeutig mehr endogen kristallisiert als C41. (Siehe Tabelle Seite 92 oben).
Die um 50 grd tiefere Abstichtemperatur bei C41 hätte eine endogene Kristallisation begünstigen müssen. Wenn aber C74 mehr endogen erstarrte als C41, ist dieser Unterschied mit Sicherheit darauf zurückzuführen, daß die Gesamtschmelzzeit*

* Gemeint ist die Programmzeit = Zeit ab Erreichen der ersten Solltemperatur, bei C41 ohne Abkühlzeit zwischen 1500 und 1450°C.

Durchmesser in mm	15	
Abstich	C41	C74
C in %	2,68	2,68
Si in %	1,03	1,07
Schmelztemperatur in °C	1500	1500
Schmelzzeit in min	*15*	*45*
Abstichtemperatur in °C	1450	1500
Primäraustenit		
Erstarrungstyp	II bis VI	V bis VI
max. Dendritenlänge in mm	6	2 bis 3
max. Bündeldicke in mm	2	1
	mehr exogen als C74	mehr endogen als C41

bei C74 30 min länger war als bei C41, die Zeit auf 1500°C bei C74 45 min länger als die Zeit auf 1450°C bei C41.

Nimmt man einen Unterschied von 0,1% Si in Kauf, so lassen sich die Abstiche C41a und C74 vergleichen. Die Abstichtemperaturen stimmen jetzt überein. Von den 1a-Abstichen sind keine 15- und 18-mm-Proben gegossen worden. Daher sollen die 12-mm-Stäbe verglichen werden:

Durchmesser in mm	12	
Abstich	C41a	C74
C in %	2,69	2,68
Si in %	0,98	1,07
Schmelztemperatur in °C	1500	1500
Schmelzzeit in min	*15*	*45*
Abstichtemperatur in °C	1500	1500
Primäraustenit		
Erstarrungstyp	II bis IV	IV bis VI
max. Dendritenlänge in mm	4	2
max. Bündeldicke in mm	1 bis 2	1
	mehr exogen als C74	mehr endogen als C41a

Dieser Vergleich bestätigt, daß die längere Schmelzzeit von C74 die Ursache des stärker endogenen Gefüges ist.

Zusammenfassend sei festgestellt: Mit steigender Haltezeit bei gleicher Schmelztemperatur erstarrt der Primäraustenit auch bei Schmelzen gleicher chemischer Zusammensetzung mehr endogen. Der aus den Abb. 22 und 23 gezogene Schluß, daß Kohlenstoffgehalt und Schmelzführung unabhängige Einflußgrößen sind (vgl. Abb. 24), trifft daher zu.

Schmelze D6 (gleiche Schmelzführung wie C1) bestätigte, daß mit fallender Abstichtemperatur und zunehmender Schmelzzeit der Primäraustenit weniger einstrahlte. Dies gilt sowohl für die unbehandelten als auch für mit Aluminium + Bor + Wismut behandelten Abstiche. Der Kohlenstoffgehalt nahm von D61

Tafel 12 Auswertung der Abkühlkurven von Schmelzreihe E

Abstich	Abstich-temperatur in °C	Pfannen-zusatz	Gieß-temperatur in °C	Liquidus-temperatur a) in °C	Eutektische Temperatur a) in °C	Eutektoide Umwand-lung a) in °C
Einfluß der Schmelzführung (Kontrolle)						
1	1580	–	1480	– } b)	– } b)	– b)
2	1580	–	1460	–	–	730
3	1570	–	1560	1325 c)	1130	725
4	1570	–	1440	1300	1115	720
Einfluß der Schmelzbehandlung						
5	1570	Al	1510	1315	1130	730
6	1570	–	1510	1315	1130	730
7	1570	B	1490	1310	1125	725
8	1570	–	1490	1315	1130	730
9	1580	Bi	1500	1275	1090	705
10	1580	–	1500	1320	1125	725
11	~ 1570	Al + B	1500	1315	1120	725
12	~ 1570	–	1500	3120	1125	725
13	~ 1570	Al + Bi	1470	1310 b) d)	1105 b) d)	730
14	~ 1570	–	1470	1330	1130	730
15	~ 1570	Al + B + Bi	1515	1325	1130	730
16	~ 1570	–	1515	1330	1130	730
17	~ 1570	Mn	1495	1330	1140	720
18	~ 1570	–	1495	1335	1135	730

a) Wendepunkt auf flachem Kurvenabschnitt; vgl. 25), Liquidus. Der wirkliche Beginn der Umwandlung liegt noch etwas höher, ist aber nur näherungsweise bestimmbar. Die Wendepunktwerte sind auf 5° C gerundet.

b) 12-Punkt-Drucker gestört.

c) Nach Wiederanstieg der Temperatur; vorausgehende Unterkühlung ~ 10° C.

d) Wert nicht eindeutig.

bis D 64 nur um knapp 0,15% ab. Der Übergang von exogener nach endogener Erstarrung kann dadurch verstärkt worden, aber nicht allein bedingt sein, wie oben nachgewiesen wurde.

5.2.4.2 Schmelzreihe E

Um sicher zu sein, daß Kohlenstoffgehalt und Temperatur–Zeit-Verlauf der Schmelze die Kristallisation des Primäraustenits unabhängig beeinflussen, wurden Betriebsversuche durchgeführt (Reihe E). Der Vorteil war, daß die chemische Zusammensetzung praktisch konstant blieb (vgl. Taf. 8): Bei 3 h 20 min Halten auf 1570 ± 15 (meist ± 10)° C Schmelztemperatur nahm der Kohlenstoffgehalt nur von 2,5 auf 2,3% ab, die Gehalte der übrigen Elemente blieben unverändert (1,4% Si, 0,4% Mn, 0,1% S, 0,02% P, 0,03% Cr).
Mit den ersten vier Abstichen sollte der Einfluß der Gießtemperatur geprüft werden. Der Kohlenstoffgehalt änderte sich hier nur von 2,50 auf 2,46%. Diese Abnahme ist vernachlässigbar klein*. Als Haltezeit sei die Zeit ab fertiger Einstellung von Sollzusammensetzung und Solltemperatur bezeichnet. Nach etwa 15 min Haltezeit wurden die ersten zwei Pfannen bei 1580° C abgestochen und mit 1480 und 1460° C vergossen (Soll 1500 und 1450° C).
Selbst dieser kleine Temperaturunterschied von nur 20 grd bewirkte schon eine leichte Änderung des Erstarrungsverhaltens (Abb. 29 a): Abstich 2 (Gießtemperatur 1460° C) kristallisierte weniger exogen als Abstich 1 (1480° C).
Nach weiteren 60 min Haltezeit wurden die Pfannen 3 und 4 bei 1570° C abgestochen und mit 1560 und 1440° C vergossen. Der Gefügeunterschied ist deutlich erkennbar (Abb. 29 b): Abstich 3 (Gießtemperatur 1560° C) kristallisierte stark exogen, Abstich 4 (1440° C) ausgeprägt endogen.
Die mit dem Probekörper nach Abb. 16 aufgenommenen Abkühlkurven von Abstich 3 (E 3) und 4 (E 4) zeigt Abb. 30. Die Auswertung (Taf. 12) ergab:

Abstich	3	4
Abstichtemperatur in ° C	1570	
Gießtemperatur in ° C	*1560*	*1440*
Liquidustemperatur in ° C	1325**	1300
eutektische Temperatur in ° C	1130	1115
eutektoide Umwandlung (Wendepunkt) in ° C	725	720

Primäre und eutektische Erstarrung beginnen bei höheren Temperaturen, wenn die Gießtemperatur höher ist. Umgekehrt nimmt mit fallender Gießtemperatur die »relative Unterkühlung« der primären und der eutektischen Erstarrung zu, wenn man den Umwandlungspunkten bei einer bestimmten höheren Gießtem-

* Die zulässige Abweichung der Einzelwerte für die gasvolumetrische Kohlenstoffbestimmung beträgt bei 2,5% C und 2 Parallelprüfungen ± 0,06% [51]. Die erzielte Genauigkeit ist etwa ± 0,03%. Die Einzelwerte zu den Mittelwerten 2,50 und 2,46% C können daher noch in das Gebiet der üblichen Analysenstreuung fallen.

** Nach Wiederanstieg der Temperatur; vorausgehende Unterkühlung etwa 10 grd.

Abb. 29 Einfluß der Gießtemperatur auf die Erstarrung von Temperrohguß der Schmelzreihe E
Ätzung Chromsäure 10% + Salpetersäure konz. + Borsäure krist., Maßstab 1:1, Original 4:1

a

10 mm □

9 mm Dmr.

12 mm Dmr.

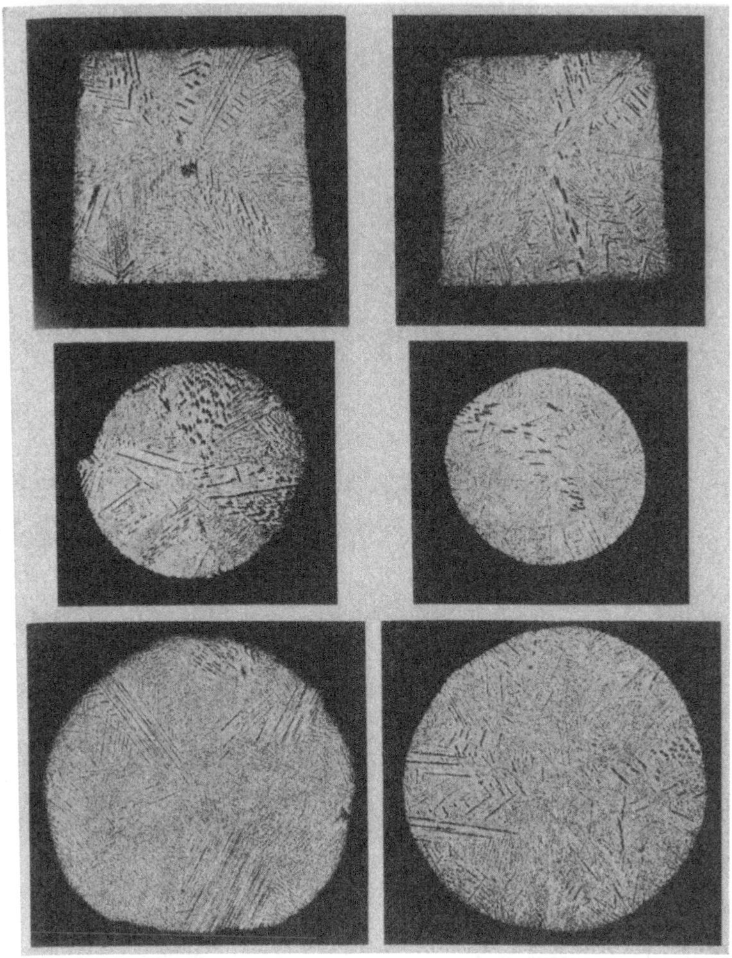

Abstich	E 1		E 2
Haltezeit (Ofen) in min		15	
Abstichtemperatur in °C		1580	
Gießtemperatur in °C	1480		1460
C in %	2,50		2,51
Si in %	1,42		1,42

Erstarrungstyp des Primäraustenits nach Abb. 13		
10 mm □	II bis V	II bis V
9 mm Dmr.	I bis IV	II bis VI
12 mm Dmr.	II bis IV	III bis V
	mehr exogen als E 2	mehr endogen als E 1

a) Haltezeit 15 min

b

10 mm □

9 mm Dmr.

12 mm Dmr.

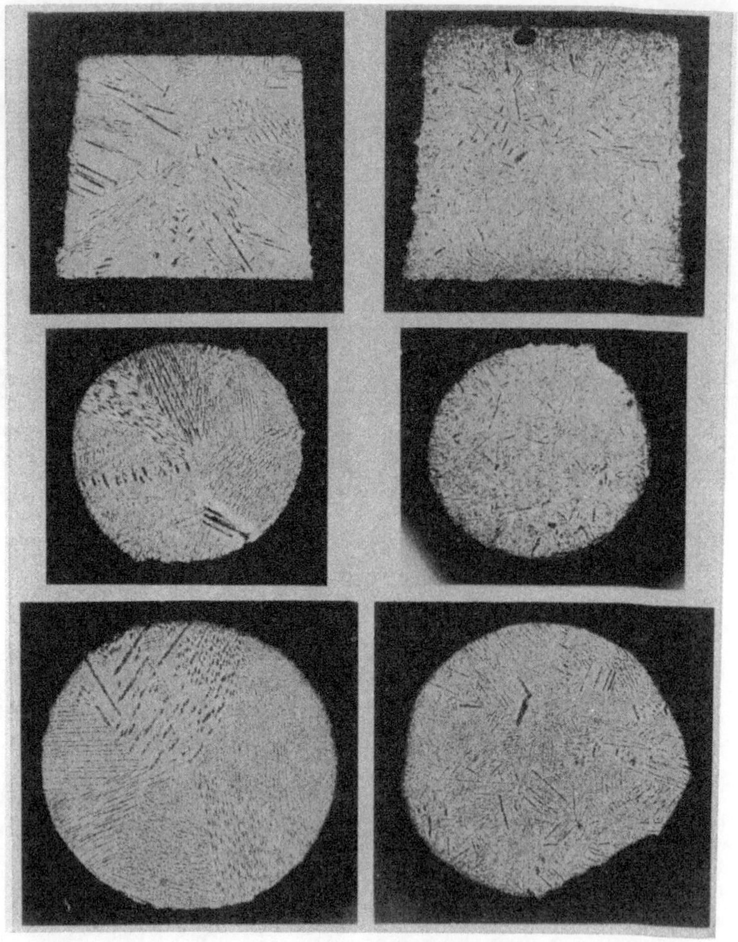

Abstich	E 3		E 4
Haltezeit (Ofen) in min		75	
Abstichtemperatur in °C		1570	
Gießtemperatur in °C	1560		1440
C in %	2,48		2,46
Si in %	1,39		1,39

Erstarrungstyp des Primäraustenits nach Abb. 13

10 mm □	I bis IV	IV bis VI
9 mm Dmr.	I bis III	IV bis VI
12 mm Dmr.	I bis II	IV bis V
	exogen	endogen

b) Haltezeit 75 min

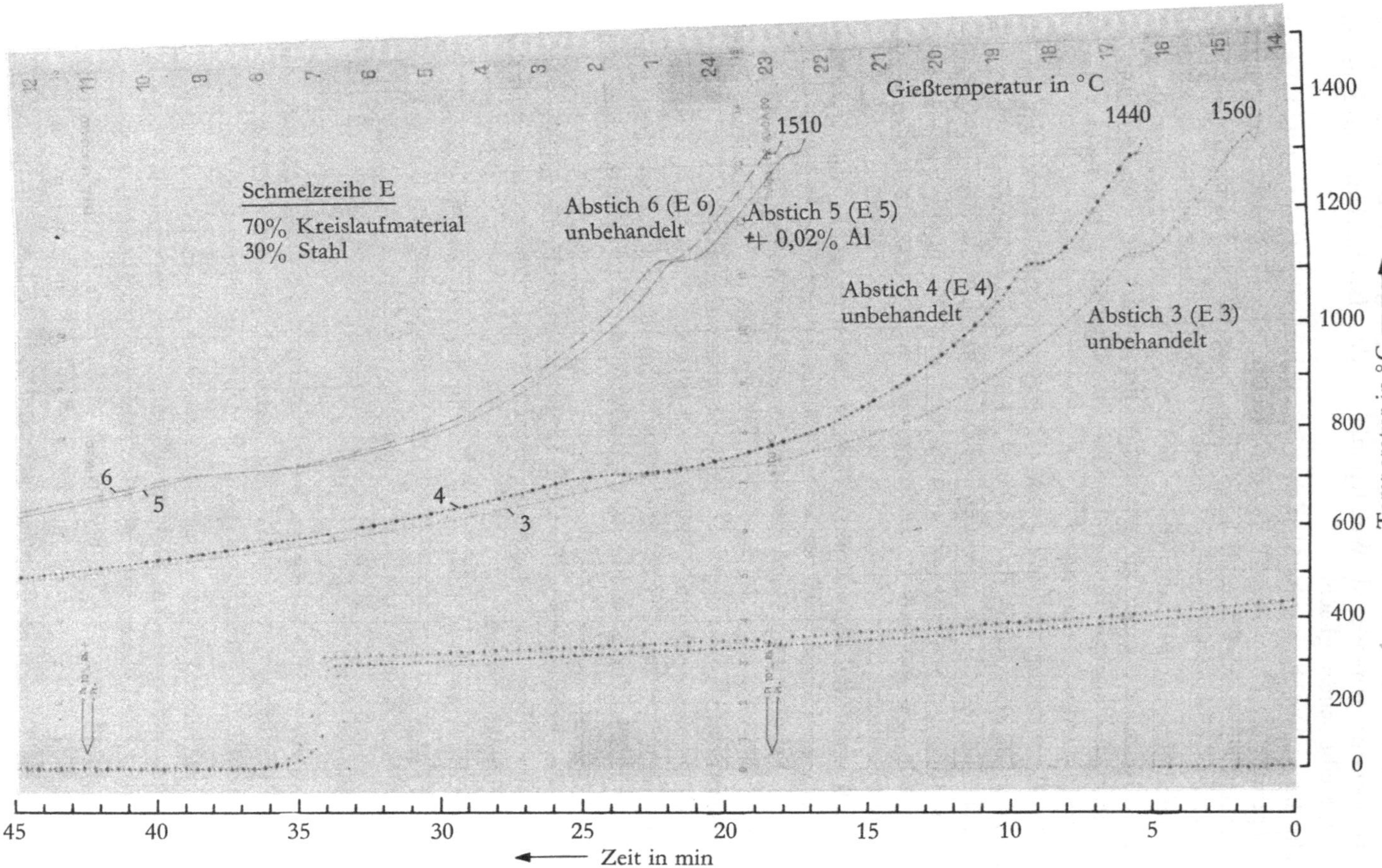

Abb. 30 Abstiche 3 und 4: Einfluß der Gießtemperatur auf den Abkühlverlauf unbehandelter Abstiche von Schmelzreihe E
Abstichtemperatur 1570° C

peratur, hier z. B. 1560° C, die relative Unterkühlung 0 grd zuschreibt. Die eutektoide Temperatur, gemessen als Wendepunkt auf dem fast horizontalen Kurvenabschnitt, bleibt nahezu gleich.

Die schnellere Abkühlung von Abstich 4 läßt darauf schließen, daß bei tieferer Gießtemperatur die Form schwächer aufgeheizt wird, weil der Wärmeinhalt des Gießmetalls kleiner ist. Dadurch kommt die Schmelze bei der primären und eutektischen Erstarrung leichter in Gebiete stärkerer Unterkühlung. Die homogene Keimbildung der Fremdteilchen wird begünstigt, daher indirekt auch die heterogene Keimbildung der Hauptphasen. Dies erklärt die mehrfach nachgewiesene stärker endogene Erstarrung des Primäraustenits bei tieferer Gießtemperatur (vgl. Abb. 28 und 29).

Im eutektischen Bereich ist eine größere Neigung zu »anomaler« Ledeburitkristallisation zu erwarten (vgl. Abschnitt 2.1.3). Dagegen fanden J. Rickard und I. C. H. Hughes [15] ein anomales Ledeburiteutektikum bevorzugt bei hoher Gießtemperatur. Der Widerspruch ist noch zu klären. Unabhängig davon sollte man annehmen, daß bei tieferer Gießtemperatur die Neigung zum Graufallen geringer wird.

Die Abb. 30 und Tafel 12, Fußnote c), lassen ferner erkennen, daß der erste Wärmeschock bei höherer Gießtemperatur stärker ist und eine deutliche Unterkühlung der Primärkristallisation bewirkt. Diese Unterkühlung kann ebenfalls die Ursache des exogenen Gefüges sein. Weil geeignete Fremdteilchen oder »Kristallisatoren« [52], von denen die Primärkristallisation ausgehen könnte, im Innern des Probenquerschnitts offenbar erst bei tieferer Temperatur entstehen, werden nur einige wenige Keimbildungspunkte an der Grenzfläche Schmelze/Formstoff wirksam. Die Kristallisation schreitet vom Rand zur Mitte fort und ergibt ein typisch exogenes Gefüge.

Ob die mit der Rekaleszenz verbundene Unterkühlung oder die höhere Temperaturlage der Primärerstarrung der eigentliche Grund des exogenen Gefüges ist, muß noch geklärt werden.

In Schmelzreihe E wurde bei 1570 $\pm$ 10° C Schmelz- und Abstichtemperatur bis 90 min Schmelzzeit ein zunehmend endogenes Gefüge beobachtet. Dies bestätigt die Ergebnisse aus Schmelzreihe C (vgl. Abschnitt 5.2.4.1).

5.2.4.3 Deutungsversuch und Folgerungen

Die Versuchsreihen C bis E zeigten, daß allein durch die Schmelzführung das Erstarrungsverhalten in weiten Grenzen treffsicher geändert werden kann. Kohlenstoffgehalt und Schmelzführung sind unabhängige Einflußgrößen:

a) Bei gleicher Gattierung und gleicher Schmelzführung kristallisiert der Primäraustenit mit abnehmendem Kohlenstoffgehalt mehr endogen (vgl. 5.2.1.1). Wahrscheinliche Ursache sind die Wechselwirkungen zwischen Kohlenstoff und Sauerstoff (vgl. 5.2.1.2). Prüfbereich (einschließlich Reihe A und B): 2,2–3,0% C.

b) Bei gleicher Gattierung und gleichem Kohlenstoffgehalt kristallisiert der Primäraustenit um so mehr endogen, je tiefer die Abstichtemperatur und je länger die Schmelzzeit (Haltezeit) ist. Wahrscheinliche Ursache sind die besseren Voraussetzungen für die homogene Keimbildung der Fremdteilchen. Die Folge sind ein vermehrtes Fremdteilchenangebot und eine günstigere heterogene Keimbildung der Hauptphasen, hier des Primäraustenits. Prüfbereich: Abstichtemperatur 1450–1600° C (entspricht Gießtemperatur ~ 1350 bis 1500° C), Haltezeit 0–45 min (Schmelze C1 und D6 60 min), ohne Abkühlzeiten. In Betriebsversuchen bei 1570 ± 10° C Schmelz- und Abstichtemperatur wurde das Gefüge bis 90 min Haltezeit zunehmend endogen.

c) Bei gleicher Gattierung, gleichem Kohlenstoffgehalt, gleicher Schmelzführung und gleicher Abstichtemperatur kristallisiert der Primäraustenit um so mehr endogen, je tiefer die Gießtemperatur ist. Wahrscheinliche Ursache: siehe b). Prüfbereich: Gießtemperatur 1440–1560° C.

5.2.5 Einfluß der Schmelzbehandlung mit Pfannenzusätzen

5.2.5.1 Befund

Eine Schmelzbehandlung mit 0,02% Al als Pfannenzusatz bewirkte bei Schmelzen mit 80–100% Stahl ein mehr endogenes Gefüge. In gleicher Richtung wirkten 0,003% B (schwacher Einfluß), 0,025% Bi (starker Einfluß), 0,02% Al + 0,025% Bi (mittlerer bis starker Einfluß) als Pfannenzusätze bei einer Betriebsschmelze mit 70% Kreislaufmaterial und 30% Stahl. In Richtung exogener Kristallisation wirkte unter den kombinierten Pfannenzusätzen bei der Betriebsschmelze (Reihe E) nur 0,02% Al + 0,003% B. Der stärkste Einfluß der untersuchten Pfannenzusätze ging von Wismut aus. Eine Zugabe von 0,025% Bi ergab ein deutlich endogenes Gefüge, besonders bei den 12-mm-Proben (Abb. 31, Abstich E9). Der Primäraustenit der unbehandelten Proben kristallisierte dagegen unter sonst gleichen Bedingungen exogen, d. h. er strahlte tief ein (Abb. 31, Abstich E10).
In Richtung und Größe überraschend war auch der – vielleicht erstmals gemessene – Einfluß des Wismuts auf die Umwandlungstemperaturen: 0,025% Bi bewirkten eine Unterkühlung der Primärerstarrung um rd. 45 grd, der eutektischen Erstarrung um 35 grd, der eutektoiden Umwandlung um 20 grd (Tafel 12, Abb. 32).
Geplant ist, über Einzelheiten der Schmelzbehandlung und ihrer Ergebnisse getrennt zu berichten.

5.2.5.2 Deutungsversuche und Folgerungen

Wenn der behandelte Abstich gegenüber dem unbehandelten ein mehr endogenes Gefüge aufweist, haben die Pfannenzusätze wahrscheinlich am Aufbau aktiver Fremdteilchen unmittelbar durch chemisch-physikalische Beteiligung oder mittelbar durch Unterkühlung mitgewirkt. Die entstandenen Fremdteilchen »katalysieren« die Keimbildung der Hauptphasen, hier des Primäraustenits. Überwiegt der Unterkühlungseinfluß, dann können die verstärkte homogene Keimbildung der Fremdteilchen und die verstärkte heterogene Keimbildung des Primäraustenits als gemeinsame Ursache des endogenen Gefüges angesehen werden.

10 mm □

9 mm Dmr.

12 mm Dmr.

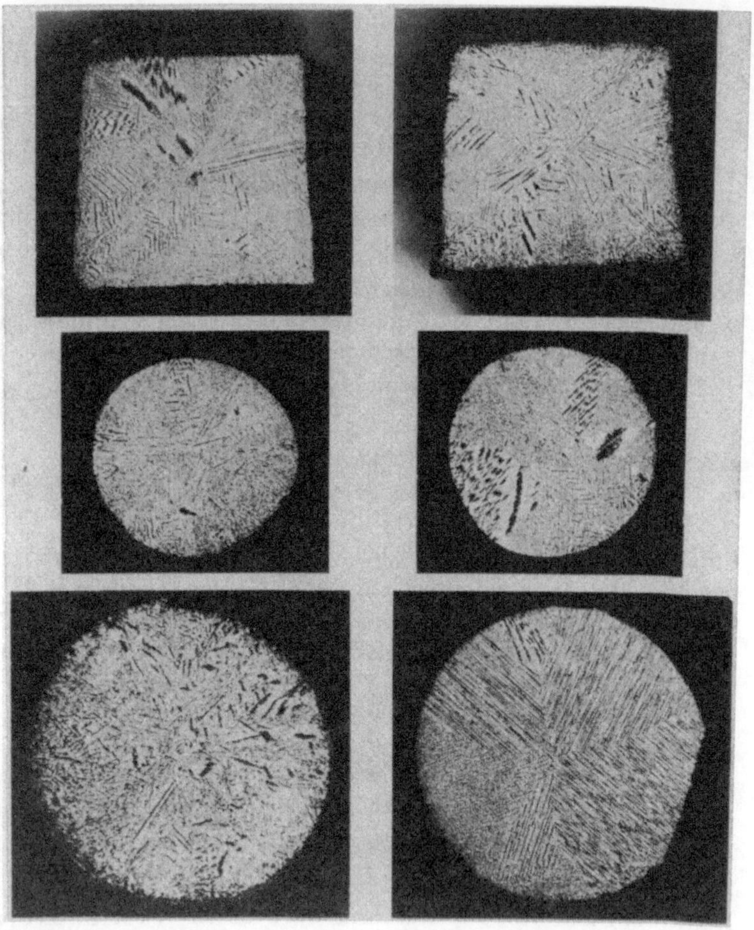

Abstich	E 9		E 10
Haltezeit (Ofen) in min		182	
Abstichtemperatur in °C		1580	
Pfannenzusatz	0,025% Bi		
Gießtemperatur		1500	
C in %	2,40		2,37
Si in %	1,40		1,41
Erstarrungstyp des Primäraustenits nach Abb. 13			
10 mm □	I bis IV		II bis IV
9 mm Dmr.	II bis VI		II bis IV
12 mm Dmr.	III bis VI		I
	mehr endogen als E 10		mehr exogen als E 9

Abb. 31 Einfluß des Wismuts als Pfannenzusatz auf die Erstarrung von Temperrohguß der Schmelzreihe E
Ätzung Chromsäure 10% + Salpetersäure konz. + Borsäure krist., Maßstab 1:1, Original 4:1

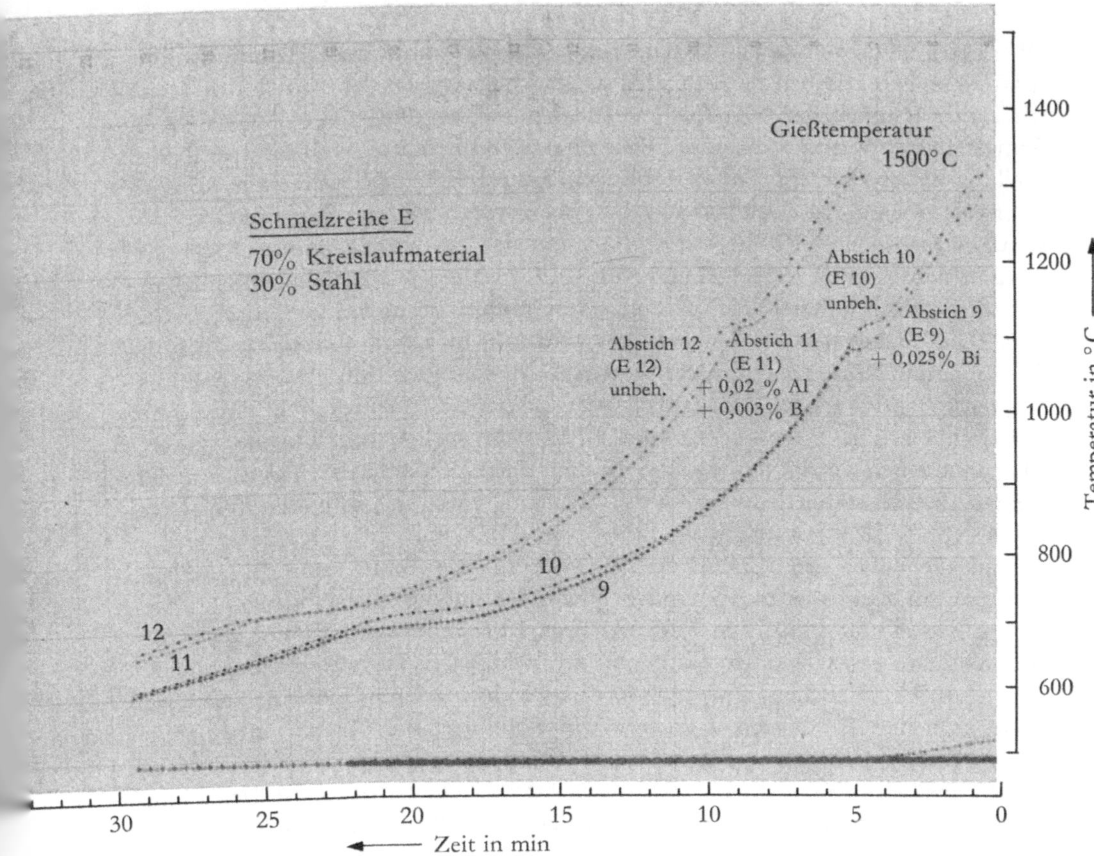

Abb. 32 Abstiche 9 und 10: Einfluß des Wismuts als Pfannenzusatz auf den Abkühlverlauf von Schmelze E Abstichtemperatur 1580° C

Die ausgeprägte *Unterkühlung der Primärkristallisation* durch Wismutzusatz kann als Ursache der endogenen Austenitstruktur angesehen werden, ähnlich wie bei tieferer Gießtemperatur und längerer Schmelzzeit. Vermutlich verhindert Wismut, daß einige Keimbildungspunkte vorzeitig aktiv werden, d. h. deutlich zu wachsen beginnen und ein exogenes Gefüge bilden. Die Folge sind eine Unterkühlung und eine bessere Möglichkeit zu homogener Keimbildung geeigneter Fremdteilchen. Der Mechanismus ist im einzelnen noch zu klären.

Die ausgeprägte *Unterkühlung der eutektischen Kristallisation* durch Wismutzusatz kann als Ursache der bekanntlich stärkeren Weißbruchneigung angesehen werden. Der Einfluß des Wismuts auf die Erstarrungstemperatur des stabilen Eutektikums ist noch nicht bekannt. Nach der Systematik von F. Neumann, H. Schenck und W. Patterson [53] zählt Wismut (wie Phosphor, Silicium und Aluminium) zu den kohlenstoffaktivierenden Elementen. Daraus darf streng nur gefolgert werden, daß die genannten Elemente die Kohlenstofflöslichkeit in Fe—C—X-Schmelzen verringern, teilweise (z. B. Silicium) auch die Kohlenstofflöslichkeit des Austenits.

Über den Einfluß auf die eutektische Temperatur und über die Graphitisierungsneigung im eutektischen Bereich wird nichts ausgesagt. Daher dürfen Zweifel an der Zuverlässigkeit der Systematik nicht dadurch begründet werden, daß z. B. Schwefel oder Wismut karbidstabilisierend wirken können, während nach der Stellung dieser Elemente im Periodischen System ein graphitisierender Einfluß zu erwarten wäre. Die Systematik ist hier überfordert, weil der Begriff »Graphitisierung« mehrdeutig ist. In Verbindung mit der Systematik bedeutet stärkere Graphitisierung nur: Verschiebung von C'D' zu kleineren Kohlenstoffgehalten, aber nicht ohne weiteres auch: Verstärkte Graphitisierung im eutektischen Bereich. Die Temperatur des Eutektikums wird z. B. durch die Elemente Silicium, Phosphor und Nickel, die nach der Systematik zu derselben Hauptgruppe gehören (kohlenstoffaktivierende = löslichkeitsvermindernde Elemente) nicht einheitlich geändert. Nach E. Piwowarsky und K. Schichtel [54] hat Silicium keinen, Phosphor einen verringernden und Nickel einen erhöhenden Einfluß auf die Temperatur des stabilen Eutektikums; nach anderen Untersuchungen [55] steigt E'C'F' von 1152° C bei 0% Si auf 1168° C bei 6% Si an.

Voraussagen über den Einfluß des Wismuts auf die Temperatur des stabilen Eutektikums sind daher nicht möglich. Wenn Wismut die metastabile eutektische Kristallisation unterkühlt, wie Abb. 32 belegt, ist anzunehmen, daß erst recht die Kristallisation des stabilen Eutektikums unterkühlt wird. Wismut scheint graphitanregende Fremdteilchen zu »vergiften« oder zu »inaktivieren« [56]. Die Schmelze gelangt leichter in Gebiete stärkerer Unterkühlung, die für das metastabile Eutektikum typisch sind und daher die Weißerstarrung fördern.

Die *Unterkühlung der eutektoiden Umwandlung* durch Wismutzusatz weist darauf hin, daß selbst im festen Zustand ein Fremdteilcheneinfluß nicht ausgeschlossen ist, obwohl der Fehlstelleneinfluß überwiegt. Bei Phasenneubildung aus der Schmelze herrscht dagegen der Fremdteilcheneinfluß vor. Zahlreiche Arbeiten, auch die Untersuchungen von K. Roesch, W. Patterson und U. Klein [7] über den Einfluß von Mangan und Schwefel, lassen sich zwanglos deuten, wenn der scheinbare Dualismus zwischen Fremdteilchen- und Fehlstellenmodell durch eine Synthese beider Anschauungen ersetzt wird.

5.2.6 Einfluß der Wanddicke

Größere Wanddicke bewirkt überwiegend eine Gefügeänderung in Richtung exogener Kristallisation. Vermutlich ist die Unterkühlung geringer, die homogene Keimbildung der Fremdteilchen und damit auch die heterogene Keimbildung der Hauptphasen erschwert.

Ausnahmen treten im untersuchten Bereich der Abstich- und Gießtemperatur fast nur bei tieferen Temperaturen auf, hier 1450° C Abstichtemperatur. Die homogene Keimbildung der Fremdteilchen sollte auch bei tieferer Temperatur in dünneren Querschnitten begünstigt sein. Wahrscheinlich reicht aber die Zeit für das Kristallwachstum der Fremdteilchen bis zu einer Mindestgröße, die für das spätere Wirksamwerden erforderlich sein könnte, nicht aus.

6. Folgerungen über Zusammenhänge zwischen Primärgefüge, Erstarrungsverhalten und Eigenschaften

Die vorhergehenden Abschnitte zeigten, daß je nach Versuchsbedingungen sehr unterschiedliche Primärgefüge entstehen können. Die Grenzfälle sind rein exogendendritische Erstarrung (Abb. 13, Typ I) und rein endogen-dendritische Erstarrung (Abb. 13, Typ V/VI). Für die treffsichere Herstellung von Gußstücken aus untereutektischen Eisenlegierungen ergeben sich zahlreiche Hinweise.

6.1 Speisevermögen und Aufteilung des Volumendefizits

Nach W. Patterson und S. Engler [26] ist das Speisevermögen um so besser und die Neigung zur Makrolunkerbildung um so größer, je leichter eine tragfähige Randschale entsteht und je weniger zerklüftet die Grenzfläche fest/flüssig ist.

Bei dendritischer Erstarrung scheiden glattwandige Grenzflächen fest/flüssig aus. Nach den vorliegenden Ergebnissen entsprechen die exogen-dendritischen Typen von Temperrohguß etwa der schwammartigen (netzartigen) Erstarrung. Bei schwach gebündelten, fiedrigen, exogen entstandenen Dendriten scheint die Randschale wenig tragfähig zu sein. Bei ausgeprägten Dendritenbündeln exogener Art ist die Tragfähigkeit vermutlich größer. Diese »netzartige« Erstarrung kann speisetechnisch als Übergang zur rauhwandigen Erstarrung angesehen werden, falls nur die Randzone durch Dendritenbündel verfilzt ist (exogen-endogene Mischform).

Bei exogener Erstarrung mit Dendritenbündeln (Extremfall Typ I) ist das Speisevermögen vermutlich schlecht, obwohl eine tragfähige Randschale entstehen kann. Die Restschmelze ist zwar im Kern verhältnismäßig beweglich, speist aber wahrscheinlich nur eine geringe Zone im Grenzgebiet fest/flüssig. Der weiter zum Rand liegende Teil der Dendritenbündel wird bald abgeschnürt und neigt zur Ausbildung von Schrumpfungsporen.

Die Erstarrungsgeschwindigkeit, die durch Abschreckversuche noch zu ermitteln wäre, wird eine große Rolle spielen. Vermutlich ist der örtliche Ausgleich des Volumenfehlbetrages an der zerklüfteten Grenzfläche Dendriten/Schmelze um so vollständiger, je langsamer die Dendriten (als Einzeldendriten oder Bündel) vom Rand zum Kern hin wachsen. Die Forderung, Gieß- und Erstarrungsgeschwindigkeit aufeinander abzustimmen, gilt makro- und mikromorphologisch. Richtige Gießgeschwindigkeit bedeutet richtige Nachspeisegeschwindigkeit an der Grenzfläche fest/flüssig. Die eindrucksvolle Entwicklung des Stranggusses von Gußeisen [57, 58] und besonders von Massenstählen [59–61] zeigt, daß eine Annäherung der beiden Geschwindigkeiten sowohl vom Gießen als auch vom Abkühlen her technisch möglich ist. Der wirtschaftliche Erfolg ist unbestritten, weil das Verfahren wissenschaftlich durchdacht ist. Bei Formguß läßt sich eine »gerichtete Erstarrung« ebenfalls erzwingen, wenn auch oft schwieriger.

Endogen gebildete Dendriten führen zu breiartiger oder schalenbildender Erstarrung. Breiartige Erstarrung bedingt geringes Speisevermögen. In begrenztem Umfang kann der Brei unter seinem eigenen Gewicht und unter dem Druck der Restschmelze zusammensinken und zu einer Annäherung (Verdichtung) der Kristalle führen. Bei endogen-schalenbildender Erstarrung ist besseres Nachspeisen möglich. Abschreckversuche müßten zeigen, ob die beobachteten endogenen Typen breiartig oder schalenbildend entstanden sind. Da bei Temperrohguß ausgeprägte Makrolunker beobachtet werden und nach den eigenen Versuchen, etwa bei geringem Kohlenstoffgehalt und tiefer Gießtemperatur, ein endogenes Gefüge auftritt, ist endogen-schalenbildende Erstarrung nicht ausgeschlossen. Neigt die Schmelze zu breiartiger Erstarrung, sollte durch geeignete Maßnahmen (z. B. Außenkühlung) endogen-schalenbildende Erstarrung angestrebt werden.

Exogene Erstarrung scheint ungünstig zu sein, solange die Erstarrungsgeschwindigkeit nicht beherrscht wird. Die auch bei exogener Erstarrung auftretenden Makrolunker deuten aber darauf hin, daß teilweise eine tragfähige Randschale gebildet und die schrumpfende Primärphase nachgespeist werden kann. Abschreckversuche und Messungen des Volumendefizits müßten diese Aussagen verfeinern, besonders weil der Makrolunker im wesentlichen durch das Volumendefizit bei der metastabilen eutektischen Kristallisation bedingt sein wird.

Ähnliche Überlegungen gelten für untereutektisches graues Gußeisen. Die Schwierigkeiten sind geringer, weil der Anteil des Primäraustenits meist kleiner ist. Außerdem gleicht der größere Raumbedarf des eutektisch ausgeschiedenen Graphits die Volumenkontraktion der metallischen Grundmasse ganz oder teilweise aus.

Am Rand sei erwähnt, daß die Primärätzung nach Beobachtungen von H. Reuter [62] auch Aufschlüsse über die Temperaturverteilung im Gußstück und daher mittelbar über das Fließ- und Formfüllungsvermögen geben kann. Exogenes Gefüge deutet auf hohe, endogenes Gefüge auf tiefe Gießtemperatur der Schmelze.

6.2 Warmrißneigung von weißem Gußeisen

Bei weißem Gußeisen ist vor allem die Frage zu beantworten, wie die Warmrißneigung vom Werkstoff her bekämpft werden kann. Im einzelnen ist zu klären:

a) In welchem Temperaturbereich entstehen Warmrisse?
b) Welche Faktoren beeinflussen die Warmrißneigung?

Im Institut für Gießereitechnik, Düsseldorf, wurde festgestellt [63]:

zu a) Die Warmrisse entstehen nicht zwischen Liquidus- und Solidustemperatur, sondern unterhalb Solidustemperatur.

zu b) Gießtemperatur und Temperaturgradienten üben einen deutlichen Einfluß aus.

Ziel der eigenen Versuche am Gießerei-Institut der Technischen Hochschule Aachen war, einen Beitrag zu den Werkstoffgrundlagen zu liefern. Durch die Gefügebeobachtungen entstand und verstärkte sich der Eindruck, daß der Erstarrungstyp des Werkstoffs wahrscheinlich auch für die Warmrißneigung die entscheidende Rolle spielt. Ein exogenes Gefüge ist warmrißgefährdet, ein endogenes Gefüge warmrißunempfindlich (Abb. 33). Bei exogener Kristallisation (Abb. 33, links) werden die Dendritenpakete wegen ihrer verschiedenen Orientierung ungleichmäßig schrumpfen. Die Folge sind Spannungen, die mit fallender Temperatur weiter zunehmen. Ein Teil der Spannungen wird durch plastische Verformung abgebaut. Der Rest kann zu Rissen führen, wahrscheinlich bevorzugt an den Nahtstellen benachbarter Dendritenpakete.

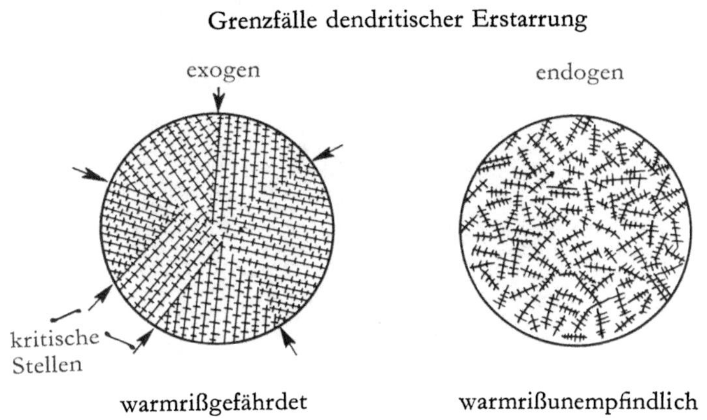

Abb. 33 Erstarrungstyp und Warmrißneigung (schematisch)

Die stärkere Rißgefahr bei exogenem Gefüge hängt darüber hinaus vermutlich mit den Nachspeiseschwierigkeiten zusammen. Die Erstarrungsgeschwindigkeit müßte durch Abschreckversuche noch ermittelt werden. Der zweite Schritt wäre, die Gießgeschwindigkeit und damit die Nachspeisegeschwindigkeit an der Grenzfläche fest/flüssig makro- und mikromorphologisch auf die Erstarrungsgeschwindigkeit abzustimmen. Dies ist technisch durchführbar (vgl. Abschnitt 6.1).

Ein endogenes Gefüge (Abb. 33, rechts) sollte warmrißunempfindlich sein, weil die regellos verteilten Dendriten keine kritischen Grenzzonen bilden, von denen die Risse ausgehen könnten. Metallurgische Maßnahmen, die ein endogenes Gefüge fördern und daher warmrißhemmend sind, wurden in Abschnitt 5 eingehend erläutert.

Die Überlegung, daß ein exogenes Gefüge warmrißgefährdet, ein endogenes Gefüge warmrißunempfindlich ist, wird unabhängig und überraschend gut, wenn auch nur mittelbar, durch eine Gefügeaufnahme von C. T. Moore und M. D. Twitty [64] bestätigt (Abb. 34). Dort verläuft bei exogener Erstarrung ein Warmriß zwischen zwei benachbarten Dendritenpaketen unterschiedlicher Orientierung. Die Verfasser untersuchten den Einfluß des Formstoffs auf die Warmrißneigung von schwarzem Temperguß, deuteten ihren Befund aber nicht über das Primärgefüge, sondern über die Stabilität der Form.

Die Gefügebilder von C. T. Moore und M. D. Twitty [64] (Abb. 35) lassen auf den gleichen Zusammenhang zwischen Gießtemperatur und Primärgefüge

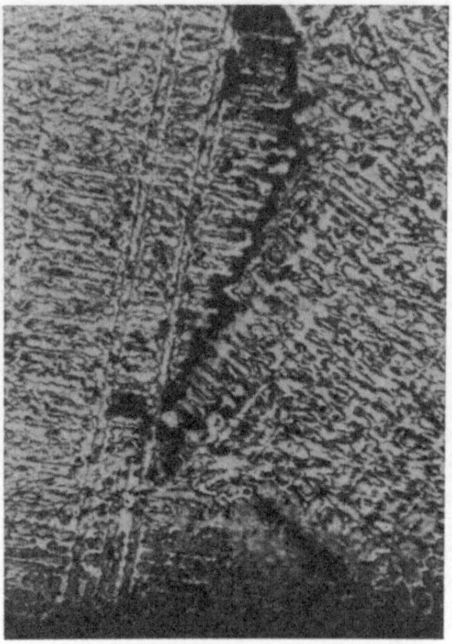

Abb. 34 Warmriß in Temperrohguß nach C. T. MOORE und M. D. TWITTY [64]

Abb. 35 Einfluß der Gießtemperatur auf Porosität und Warmrißneigung von Temperrohguß nach C. T. MOORE und M. D. TWITTY [64] Maßstab 1:1, Original 3,5:1

1550° C
Ätzung:
Nital 5%

a) 1550° C, Ätzung alkoholische Salpetersäure 5%

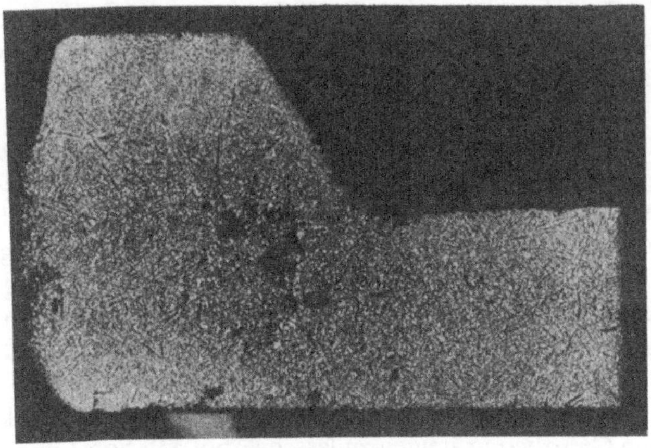

1400° C
Ätzung:
Nital 4%

b) 1400° C, Ätzung alkoholische Salpetersäure 4%

schließen wie die eigenen Ergebnisse (Abb. 28 und 29): Bei hoher Gießtemperatur kristallisierte der Primäraustenit ausgesprochen exogen, bei tiefer Gießtemperatur endogen. Bei hoher Gießtemperatur wurden starke Porosität und starke Rißneigung beobachtet (Abb. 35a), bei tiefer Gießtemperatur schwache Porosität und schwache Rißneigung (Abb. 35b).
Mit Abb. 36 können die Ergebnisse der englischen Arbeit zwanglos so erklärt werden, daß alle Einflüsse, die den Primäraustenit mehr exogen kristallisieren lassen, in der Regel die Warmrißneigung verstärken. Einflüsse, die ein mehr endogenes Primärgefüge ergeben, wirken der Warmrißneigung meist entgegen. Die englische Veröffentlichung ist ein klarer Hinweis darauf, daß der vermutete Zusammenhang zwischen Primärgefüge, Schrumpfspannungen und Warmrißneigung zutreffen kann. Die laufenden und geplanten Warmrißarbeiten sollten daher das Primärgefüge berücksichtigen und die erläuterte Hypothese prüfen.

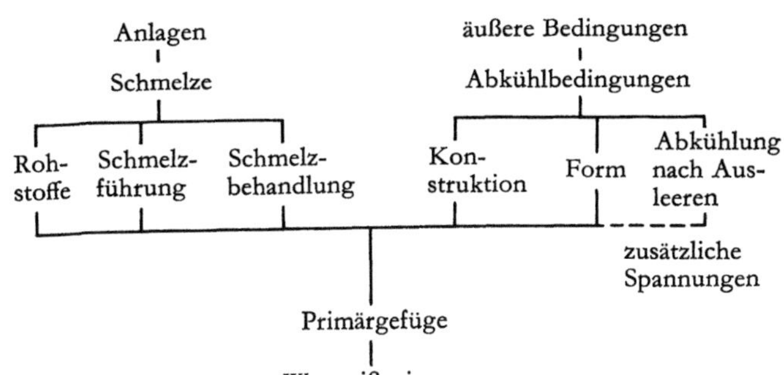

Voraussetzung für geringe Warmrißneigung: endogene Erstarrung (unregelmäßig kristallisierter Primäraustenit, möglichst wenig Dendritenbündel, möglichst viel regellose Einzeldendriten).

Abb. 36 Einflüsse auf die Warmrißneigung (schematisch)

Amerikanische Forscher, besonders R. W. Heine und Mitarbeiter [65–71], befassen sich vorwiegend mit der Beseitigung von Oberflächenfehlern, in erster Linie von Rissen. Dieser Themenkreis schließt eng an die eigenen Grundlagenversuche zur Kristallisation des Primäraustenits an.

R. W. Heine und Mitarbeiter unterscheiden checks und spikes. Checks sind haarfeine Risse an der Gußoberfläche, hervorgerufen durch ungenügendes Nachfließen von Speisemetall zur Oberfläche. Spikes bilden sich an der Grenzfläche übermäßig großer Körner von Austenitdendriten, die mit flachen Temperaturgradienten im entstehenden Gußstück gekoppelt sind. Beide Fehler sind eine Folge der Metallzusammensetzung und des Wärmeübertragungssystems. Mit Hilfe der thermischen Analyse werden Unterlagen gewonnen, aus denen man Rückschlüsse zum Beseitigen der Oberflächenfehler ziehen kann [72].

Ziel ist, den Anteil des festen Austenits in der Mitte des Gußstücks nicht über einen kritischen Grenzbetrag steigen zu lassen (Abb. 37). Sonst wird der Gefüge-

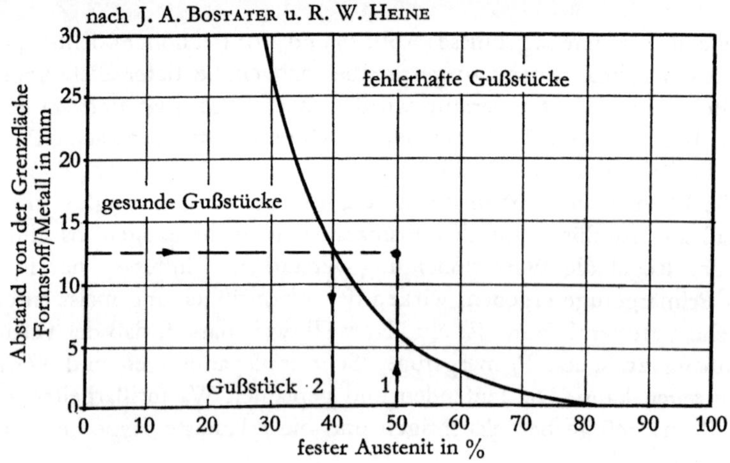

Abb. 37 Grenzkurve zwischen gesunden Gußstücken (links) und fehlerhaften Gußstücken (rechts) nach J. A. Bostater und R. W. Heine [65]

und Speiseunterschied des Kerns zur Randzone, die bei 1120 °C als vollständig erstarrt angesehen wird, zu groß. Aus den Abkühlkurven entnimmt man die zu 1120 °C Randzonentemperatur gehörende Kernzonentemperatur. Mit steigendem Kohlenstoffäquivalent und steigender Kernzonentemperatur nimmt der Prozentsatz an festem Austenit in der Kernzone ab, wie gefordert (Abb. 38). Der positive Einfluß eines höheren Kohlenstoffäquivalents beruht nach dem Eisen–Kohlenstoff-Diagramm auf der Verminderung der Liquidustemperatur mit steigendem Kohlenstoff-, Silicium- und Phosphorgehalt. Der positive Einfluß einer tieferen Gießtemperatur beruht auf einem höheren Temperaturgradienten zwischen Kern und Rand. Der Rand kühlt schneller ab, bedingt durch geringere Vorwärmung der Form.

Die Arbeiten von R. W. Heine und Mitarbeitern [65–71] enthalten noch eine

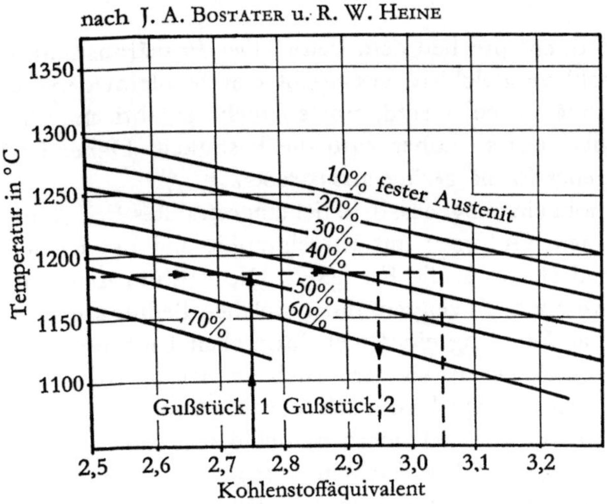

Abb. 38 Graphische Bestimmung des Anteils an festem Austenit im Kern des Gußstücks, wenn die Randzone zu 100% erstarrt ist, nach J. A. Bostater und R. W. Heine [65]

Reihe von Schwierigkeiten, die eine kritische Stellungnahme erfordern. Trotzdem sind sie wertvoll, weil die grundsätzliche Bedeutung des Temperaturgradienten herausgestellt wird.

An Hand von Gefügebildern und Abkühlkurven aus den eigenen Untersuchungsergebnissen wurde in Abschnitt 5 versucht, besonders den Gründen für die ermittelten Zusammenhänge nachzugehen. Als brauchbares Hilfsmittel erwies sich eine gedankliche Verbindung zwischen homogener und heterogener Keimbildung. Der von R. W. Heine und Mitarbeitern [65, 68–71] beobachtete günstige Einfluß einer niedrigen Gießtemperatur und eines Wismutzusatzes konnte dadurch erklärt werden, daß beide Faktoren eine stärkere Unterkühlung und ein mehr endogenes Primäraustenitgefüge bewirken [73].

Hier rundet sich das vorläufige, z. T. nur scheinbar widersprüchliche, in Wirklichkeit noch lückenhafte Bild der Untersuchungen zur Warmrißneigung. Verbindet man die englisch-amerikanischen Vorstellungen über den Einfluß des Temperaturgradienten bei der eutektischen Erstarrung [65–71] mit den Aachener Ergebnissen über das Primäraustenitgefüge und Unterkühlungsänderungen [1, 75], mit weiteren Aachener Arbeiten über das Erstarrungsverhalten [76, 77] und mit den erfolgreichen Untersuchungen des Instituts für Gießereitechnik, Düsseldorf [63, 78–82], so könnte diese Synthese ein fruchtbarer Ansatz zur weiteren Klärung des Warmrißproblems sein.

6.3 Festigkeit von grauem Gußeisen

Nach der »Stahlbeton-Hypothese« von W. Patterson und Mitarbeitern [16–19] nimmt die Festigkeit von grauem Gußeisen mit steigender Dendritenlänge des Primäraustenits zu. Die eutektischen Graphit-Austenit-Zellen, die verhältnismäßig schwach sind, entsprechen dem Beton. Der Primäraustenit, einem hochsilicierten Federstahl vergleichbar, entspricht den Stahleinlagen. Je länger die Dendriten des Primäraustenits sind, um so mehr eutektische Zellen können verklammert werden, um so höher wird die Festigkeit. Daher ist bei grauem Gußeisen ein exogenes Primärgefüge anzustreben.

Wahrscheinlich erhöht ein exogenes, d. h. tief eingestrahltes Primäraustenitgefüge auch bei ungeglühtem Gußeisen mit Kugelgraphit und bei weißem Gußeisen (Temperrohguß und Hartguß) die Festigkeit. Die Ausführungen über die Versuchsergebnisse (Abschnitt 5) zeigten, unter welchen Bedingungen ein exogenes Gefüge entsteht. Die Wirkung eines metallurgischen Eingriffs sollte allgemein nicht nur an der eutektischen, sondern auch an der primären Kristallisation beurteilt werden. Zum Beispiel ist nach den Ergebnissen zum Einfluß der Schmelzführung (Abschnitt 5.2.4) nicht ausgeschlossen, daß die von W. Oelsen, K. Roesch und K. Orths [27] beobachtete Festigkeitssteigerung in Proben aus überhitzten Graugußschmelzen wenigstens teilweise auf exogenem Primäraustenit beruht.

6.4 Impfmittel für graues Gußeisen

Der im Vergleich zu Temperrohguß durchschnittlich höhere Kohlenstoffgehalt des grauen Gußeisens fördert nach den erläuterten Versuchsergebnissen (Abschnitt 5.2.1) die exogene Kristallisation des Primäraustenits, wirkt daher günstig. Weil aber Graugußschmelzen vorwiegend bei tieferer Temperatur (1400° C und weniger) geimpft werden, um das Graphit–Austenit-Eutektikum zu feinen, erstarrt vielfach auch der Primäraustenit unerwünscht endogen. Die Entwicklung der Impfmittel für graues Gußeisen kann sich daher an der Forderung orientieren, den Primäraustenit exogen, die eutektischen Graphit–Austenit-Zellen endogen kristallisieren zu lassen. Eine Literaturauswertung (Abschnitt 2.2) zeigt, daß die Erstarrung des stabilen Eutektikums bei niedrigem Phosphorgehalt endogen-kompakt-schalenbildend, bei höherem Phosphorgehalt endogen-kompakt-breiartig verläuft. Im Normalfall ist der erste Typ vorzuziehen.

Der Zusammenhang zwischen den Gesetzen der Kieselsäurereduktion [27] und der beim Einfluß der Schmelzführung (Abschnitt 5.2.4) erläuterten Änderung des Primärgefüges in Richtung endogener Kristallisation bei fallender Temperatur läßt vermuten, daß u. a. Kieselsäureteilchen auch die primäre, nicht nur die eutektische Kristallisation einleiten. Daher ist zu prüfen, ob siliciumhaltige Impfmittel geeignet, zu ändern oder durch andere Impfstoffe zu ersetzen sind, um exogenen Primäraustenit und endogenes Graphit–Austenit-Eutektikum zu erzielen. Das häufig verwendete Impfmittel Calcium–Silicium hat offenbar nur geringen Einfluß auf die Primäraustenitkristallisation [28], wirkt daher günstig. Diese Versuche sollten systematisch fortgesetzt werden. Aufschlußreich wäre z. B., welchen Einfluß die von B. Lux und H. Tannenberger [83, 84] angewendeten siliciumfreien Impfstoffe auf die Kristallisation des Primäraustenits haben.

Zusammenfassung

Die technischen Gießwerkstoffe erstarren exogen oder endogen und kompakt oder dendritisch. Einflußgrößen sind Legierungsgehalt, Keimzustand und Abkühlbedingungen. Zwischen den Grenzfällen exogen-kompakt und endogen-dendritisch liegen zahlreiche Übergangsformen. Vom Erstarrungsverhalten hängen u. a. ab: Speisevermögen, Aufteilung des Volumendefizits, Fehleranfälligkeit und Eigenschaften. Die Gesetze des Erstarrungsablaufs haben daher für die Gußherstellung (Halbzeug und Formguß) sowie für den Einsatz von Gußerzeugnissen grundlegende Bedeutung.

Die vorliegende Arbeit ist ein Beitrag zum Erstarrungsverhalten von Eisen–Kohlenstoff-Legierungen. *Ziel* war, das Erstarrungsverhalten von Temperrohguß als Beispiel für nichteutektische Legierungen zu untersuchen. Der Schwerpunkt liegt auf der Kristallisation des Primäraustenits, um die strukturellen Gründe für Schwierigkeiten beim Vergießen und Erstarren untereutektischer Legierungen kennen zu lernen, z. B. für die Warmrißneigung von weißem Gußeisen. Die Arbeit soll gleichzeitig die Frage beantworten, wie bei grauem Gußeisen eine exogene Kristallisation des Primäraustenits erreicht werden kann, um die Festigkeit zu steigern. Als betriebsnahe Einflußgrößen wurden Rohstoffe, Schmelzführung und Schmelzbehandlung untersucht.

Die Literaturauswertung über den Erstarrungsablauf von weißem und grauem Gußeisen ergab, daß die eutektische Kristallisation ausführlicher untersucht wurde als die Primärkristallisation. Das Ledeburiteutektikum des weißen Gußeisens kristallisiert exogen-kompakt-schwachrauhwandig, seltener endogen-kompakt, z. B. nach ausgeprägter Unterkühlung als Folge starken Überhitzens. Das Graphit–Austenit-Eutektikum des Gußeisens mit Lamellengraphit (Grauguß) erstarrt in Form rundlicher Zellen: bei niedrigem Phosphorgehalt endogen-kompakt-schalenbildend, bei hohem Phosphorgehalt endogen-kompakt-breiartig. Das Eutektikum des Gußeisens mit Kugelgraphit kristallisiert ebenfalls endogen-kompakt-breiartig.

Die *eigenen Versuche* zeigten, daß die Primäraustenitdendriten je nach Versuchsbedingungen exogen, exogen-endogen oder rein endogen kristallisieren können. Ein bestimmtes Gefüge ist treffsicher erreichbar. Als Makroätzmittel bewährten sich Perchlorsäure und Chromsäure. Schwache Vergrößerung (4:1 oder 5:1) ermöglichte eine Gesamtbetrachtung des Schliffs. Das Gefüge wurde quantitativ nach Erstarrungstyp, maximaler Dendritenlänge und maximaler Bündeldicke ausgewertet. Die entwickelten Richtreihen sind brauchbar.

Ein stärker *endogenes*, d. h. weniger eingestrahltes Primäraustenitgefüge entsteht, wenn einzelne oder mehrere der folgenden Bedingungen erfüllt sind:

a) Geringer Kohlenstoffgehalt, in Gattierungen mit 80 und mehr % Stahl nicht über etwa 2,5% C;

b) höherer Roheisenanteil, soweit untersucht;

c) geringe Schmelz-, Abstich- und Gießtemperatur, vor allem niedrige Gießtemperatur, möglichst unter 1450° C;

d) längere Schmelz- und Haltezeit vor dem Abstich, ratsam besonders bei höheren Temperaturen, wirksam besonders bei tieferen Temperaturen (etwa 1500 und 1450° C); die endogene Erstarrung nimmt bei Haltetemperaturen zwischen 1450 und 1600° C bis 60 min Haltezeit zu, in Betriebsversuchen bei 1570 ± 10° C bis 90 min Haltezeit;
e) Schmelzbehandlung mit 0,02% Al als Pfannenzusatz bei Schmelzen mit 80–100% Stahl;
f) Schmelzbehandlung mit 0,003% B (schwacher Einfluß),
0,025% Bi (starker Einfluß),
0,02 % Al + 0,025% Bi (mittlerer bis starker Einfluß)
bei Schmelzen mit 70% Kreislaufmaterial und 30% Stahl;
g) geringe Wanddicke, besonders bei Schmelzen mit Gießtemperaturen über 1400° C.

Für ein *exogenes* Primärgefüge sind die Bedingungen, abgesehen von den Pfannenzusätzen, umgekehrt zu lesen. Ein Pfannenzusatz, der bei einer Temperrohgußschmelze aus 70% Kreislaufmaterial und 30% Stahl ein mehr exogenes, d. h. tiefer eingestrahltes Gefüge ergab, war 0,02% Al + 0,003% B.
Abkühlkurven zeigten, daß ein mehr endogenes, d. h. schwächer eingestrahltes Gefüge meist mit einer stärkeren Unterkühlung verbunden ist. Die Umwandlungstemperaturen wurden z. B. durch geringere Gießtemperatur und besonders durch Wismutzusatz herabgesetzt. Die Rekaleszenz und die unmittelbar vorausgehende Unterkühlung waren dagegen trotz höherer Gesamtlage des Umwandlungsbereichs bei exogenem Primäraustenit im Fall höherer Gießtemperatur größer als bei endogenem Primäraustenit der mit tieferer Gießtemperatur gegossenen Probe.
Die *Deutung der Gefügeänderungen* folgte dem Leitgedanken, daß die Gesetze der homogenen Keimbildung auf die Kristallisation der Fremdteilchen anzuwenden sind, die Gesetze der heterogenen Keimbildung auf die Kristallisation der Hauptphasen, hier des Primäraustenits.

Aus den Ergebnissen wird gefolgert:

1. Um das *Speisevermögen von Gußlegierungen* zu verbessern und die Neigung zur Makrolunkerbildung zu vergrößern und ausgleichen zu können, sollte eine tragfähige, wenig zerklüftete Randschale angestrebt werden. Das normale, überwiegend exogen-kompakt kristallisierende Ledeburiteutektikum des weiß erstarrenden Gußeisens erfüllt diese Bedingungen. Die vorhergehende dendritische Kristallisation des Primäraustenits kann bei endogen-schalenbildender Erstarrung das Dichtspeisen erleichtern.
2. Die *Warmrißneigung von weißem Gußeisen* kann durch endogenes Primärgefüge bekämpft werden (Arbeitshypothese). Die Bedingungen für endogenes Primärgefüge wurden durch Versuche ermittelt und zusammengestellt.
3. Die *Festigkeit von grauem Gußeisen* mit Lamellen- und Kugelgraphit und von weißem Gußeisen (Temperrohguß und Hartguß) kann durch exogenes Primärgefüge verbessert werden. Die Bedingungen für exogenes Primärgefüge wurden ebenfalls durch Versuche ermittelt und zusammengestellt.
4. *Impfmittel für graues Gußeisen* sollten den Primäraustenit exogen-dendritisch, die eutektischen Graphit–Austenit-Zellen endogen-kompakt-schalenbildend kristallisieren lassen.

Die Herren R. Kleibrink und W. Ries, Y. Turhan, H. Reuter, G. Antensteiner und F. Binzberger, M. Kemp und E. Müller wirkten im Rahmen ihrer Diplomarbeiten an den Versuchen mit. Die Firma Walter Hundhausen, Schwerte (Ruhr), ermöglichte Schmelz- und Glühversuche unter Betriebsbedingungen. Besonders wertvoll waren anregende Gespräche mit den Herren Professor Dr.-Ing. K. Roesch, Remscheid, und Obering. R. Opitz, Schwerte. Für alle Hilfe wird herzlich gedankt.

Literaturverzeichnis

[1] Döpp, R., Dr.-Ing.-Diss., Fakultät für Bergbau und Hüttenwesen der Rhein.-Westf. Technischen Hochschule Aachen 1963 (D 82).

[2] Ovise, Y. L., und J. C. Margerie, Fonderie Nr. 196, 1962, S. 201–219; vgl. Gießerei 50 (1963), S. 81–82.

[3] Scheil, E., und D. Pohl, Arch. Eisenhüttenwes. 26 (1955), S. 105–108; vgl. Stahl u. Eisen 75 (1955), S. 299–300.

[4] Malleable Founders Society: Malleable Iron Castings. Cleveland, Ohio, USA, 1960, S. 350; vgl. Temperguß (deutsche Übersetzung des Vereins Deutscher Gießereifachleute), Düsseldorf 1960, S. 372.

[5] Patterson, W., und D. Ammann, Gießerei, techn.-wiss. Beih., 11 (1959), Nr. 23, S. 1247–1275; vgl. Gießerei 46 (1959), S. 120.

[6] Scheil, E., Gießerei, techn.-wiss. Beih., 11 (1959), Nr. 24, S. 1313–1338; vgl. Gießerei 46 (1959), S. 308.

[7] Roesch, K., W. Patterson und U. Klein, Gießerei, techn.-wiss. Beih., 15 (1963), Nr. 3, S. 117–136; vgl. Gießerei 50 (1963), S. 670.

[8] Patterson, W., Gießerei, techn.-wiss. Beih., 4 (1952), Nr. 6–8, S. 355–378; vgl. Gießerei 39 (1952), S. 212–213.

[9] Scheil, E., und F. Weiss, Gießerei, techn.-wiss. Beih., 13 (1961), Nr. 2, S. 71–77; vgl. Gießerei 48 (1961), S. 364.

[10] Körber, F., W. Oelsen, H. Schottky und H. J. Wiester, Das Zustandsschaubild Eisen–Kohlenstoff und die Grundlagen der Wärmebehandlung des Stahls. 3. Aufl. Düsseldorf: Stahleisen-Verl. 1949, S. 5, Bilder 9, 10 und 11.

[11] Morrogh, H., und W. J. Williams, J. Iron Steel Inst. 155 (1948), S. 306–322.

[12] Williams, W. J., J. Iron Steel Inst. 164 (1950), S. 407–422.

[13] Morrogh, H., und W. J. Williams, J. Iron Steel Inst. 176 (1964), S. 375–378.

[14] Williams, W. J., BCIRA J. Res. Developm. 5 (1953–1955), S. 132–134.

[15] Rickard, J., und I. C. H. Hughes, BCIRA J. Res. Developm. 9 (1961), S. 11–25.

[16] Patterson, W., und W. Standke, Gießerei, techn.-wiss. Beih., 15 (1963), Nr. 1, S. 1–24; vgl. Gießerei 50 (1963), S. 192.

[17] Patterson, W., Hochfester unlegierter Grauguß. Vortrag auf dem 20. Aachener Gießerei-Kolloquium am 28. Februar und 1. März 1963.

[18] Patterson, W., Möglichkeiten zur Beeinflussung der Qualität von Gußeisen. Vortrag auf der Tagung der Landesgruppe Hessen des Vereins Deutscher Gießereifachleute am 28. Juni 1963 in Bad Homburg v. d. H.; vgl. Gießerei 50 (1963), S. 468.

[19] Patterson, W., H. Siepmann und F. W. Hauptvogel, Gießerei, techn.-wiss. Beih., 17 (1965), Nr. 3, S. 141–149; Nr. 4, S. 151–162; vgl. Gießerei 52 (1965), S. 766; 53 (1966), S. 118.

[20] Fuller, A. G., und I. C. H. Hughes, BCIRA J. Res. Developm. 7 (1957–1959), S. 288–298.

[21] Hughes, I. C. H., BCIRA J. Res. Developm. 5 (1953–1955), S. 518–536.

[22] Gittus, J. H., und I. C. H. Hughes, BCIRA J. Res. Developm. 5 (1953–1955), S. 537–554.

[23] Koppe, W., und S. Engler, Gießerei 49 (1962), S. 265–275, 296–306.

[24] Patterson, W., W. Koppe und S. Engler, Untersuchungen zur Erstarrung und Speisung von Gußeisen. Forschungsberichte des Landes Nordrhein-Westfalen Nr. 1502, Westdeutscher Verlag, Köln und Opladen, 1965.

[25] Patterson, W., S. Engler und G. Dietz, Gießerei, techn.-wiss. Beih., 12 (1960), Nr. 29, S. 1617–1624, bes. S. 1622, Bild 7; vgl. Gießerei 47 (1960), S. 414.

[26] Patterson, W., und S. Engler, Gießerei, techn.-wiss. Beih., 13 (1961), Nr. 3, S. 123–156; vgl. Gießerei 48 (1961), S. 599.

[27] Oelsen, W., K. Roesch und K. Orths, Arch. Eisenhüttenwes. 26 (1955), S. 641–653; vgl. Stahl u. Eisen 75 (1955), S. 1656.

[28] Untersuchung des Primärgefüges von ungeimpftem und geimpftem Gußeisen mit Sättigungsgraden von 0,8 und 0,9. BBC Induktives Schmelzen, Folge 116. Gießerei 51 (1964), Nr. 9, Anzeigenteil S. 17.

[29] Forst, P. von der, und R. Dobbener, Gießerei, techn.-wiss. Beih., 16 (1964), Nr. 2, S. 87–90; vgl. Gießerei 51 (1964), S. 414; Forst, P. von der, Forderungen an die technologischen Eigenschaften des Roheisens. Bericht auf der Vortragsveranstaltung Deutsches Roheisen am 12. 5. 1964 bei der Duisburger Kupferhütte in Duisburg.

[30] Döpp, R., Zusammenhänge zwischen Primär- und Sekundärgefüge bei Temperguß und ihre Beeinflussung durch die Gattierung. Vortrag auf dem 19. Aachener Gießerei-Kolloquium am 2. und 3. März 1961; vgl. Gießerei 48 (1961), S. 175/176.

[31] Döpp, R., Erörterungsbeitrag zum Vortrag von J. G. Pearce, Kupfer in Temperguß. Gießerei 51 (1964), S. 43–45.

[32] Zum Beispiel Richtreihen zur Kennzeichnung der Graphitausbildung. Gießerei-Kalender 1963. Düsseldorf: Gießerei-Verl. 1962, S. 79–81.

[33] Opitz, R., Gießerei-Kalender 1956. Düsseldorf: Gießerei-Verl. 1955, S. 160–164.

[34] Vgl. Gießerei 47 (1960), S. 422, Bild 3.

[35] Patterson, W., Gumpert, E. von, Gießerei, techn.-wiss. Beih., 11 (1959), Nr. 25, S. 1341–1361; vgl. Gießerei 46 (1959), S. 510.

[36] Heine, R. W., und P. C. Rosenthal, Principles of metal castings. McGraw-Hill Book Company, Inc., New York, Toronto, London 1955, S. 555, Bild 23.8.

[37] Patterson, W., R. Döpp und H. Reuter, Einfluß der Schmelzführung auf die Primärerstarrung und die Graphitisierung von schwarzem Temperguß. Dipl.-Arb. Gießerei-Institut Technische Hochschule Aachen 1961, Nr. 357.

[38] Patterson, W., R. Döpp, R. Kleibrink und W. Ries, Einfluß des Roheisens auf die Primärerstarrung und die Graphitisierungsneigung von schwarzem Temperguß. Dipl.-Arb. Gießerei-Institut Technische Hochschule Aachen 1959/1960, Nr. 337.

[39] Patterson, W., R. Döpp und Y. Turhan, Einfluß des Roheisens auf die Primärerstarrung und die Graphitisierung von schwarzem Temperguß bei gleichbleibendem Roheisenanteil. Dipl.-Arb. Gießerei-Institut Technische Hochschule Aachen 1960/1961, Nr. 352.

[40] Patterson, W., R. Döpp, G. Antensteiner und F. Binzberger, Einfluß der Gattierung, der Schmelzführung und der Schmelzbehandlung auf die Erstarrung und Graphitisierung von schwarzem Temperguß. Dipl.-Arb. Gießerei-Institut Technische Hochschule Aachen 1961/1962, Nr. 406.

[41] Patterson, W., und H. Brand, Gießerei, techn.-wiss. Beih., 15 (1963), Nr. 3, S. 137–159, bes. S. 151/152; vgl. Gießerei 50 (1963), S. 670.

[42] Patterson, W., R. Döpp, M. Kemp und E. Müller, Einfluß der Schmelzführung und der Schmelzbehandlung einer Betriebsschmelze auf die Primärerstarrung und die Graphitisierung von schwarzem Temperguß. Dipl.-Arb. Gießerei-Institut Technische Hochschule Aachen 1962, Nr. 386.

[43] Patterson, W., R. Döpp und G. Hülsenbeck, Ätzversuche zur Sichtbarmachung der eutektischen Zellen bei Temperrohguß. Wahlarbeit Gießerei-Institut Technische Hochschule Aachen 1962.

[44] Schottky, H., Praktische Metallprüfung. Die metallographischen Prüfverfahren und ihre Anwendung. Braunschweig: Westermann 1953, S. 45, 152.

[45] Patterson, W., R. Döpp und G. von Grossmann, Untersuchungen an ungetemperten und getemperten Proben der Diplomarbeiten Kleibrink-Ries, Turhan, Reuter, Antensteiner-Binzberger und Kemp-Müller. Wahlarbeit Gießerei-Institut Technische Hochschule Aachen 1963.

[46] Eisenhütte. 5. Aufl. Berlin: Verl. Ernst + Sohn 1961, S. 112–114.

[47] Schenck, H., Vorlesung Eisenhüttenkunde I, Technische Hochschule Aachen 1962/1963.

[48] Feldmann, U., und H. Schenk, In: Ullmanns Enzyklopädie der technischen Chemie. Band 6, München: Verl. Urban + Schwarzenberg 1955, S. 345/346.

[49] Tiller, W. A., K. A. Jackson, J. W. Ruther und B. Chalmers, Acta metallurg., New York, 1 (1953), S. 428–437.

[50] Smith, T. B., J. S. Thomas, R. Goodall und R. T. Allsop, J. Iron Steel Inst. 198 (1961), S. 161–163; vgl. Nickel-Ber. 1961, S. 279.

[51] Zulässige Abweichungen der Einzelwerte von Schiedsanalysen. Gießerei-Kalender 1959. Düsseldorf: Gießerei-Verl. 1958, S. 81.

[52] Löhberg, K., und K. Röhrig, Gießerei, techn.-wiss. Beih., 16 (1964), Nr. 1, S. 41–48; vgl. Gießerei 51 (1964), S. 241.

[53] Neumann, F., H. Schenck und W. Patterson, Gießerei, techn.-wiss. Beih., 11 (1959), Nr. 23, S. 1217–1246, bes. S. 1232–1233; vgl. Gießerei 46 (1959), S. 120; vgl. Handbuch der Gießereitechnik, Band 1, Teil 2, Berlin: Springer-Verl. 1960, S. 23–48, bes. S. 38–40; Gießerei-Kalender 1960, Düsseldorf: Gießerei-Verl. 1959, S. 117–126, 1963, S. 84; Gießerei 47 (1960), S. 24–32; Gießerei, techn-wiss. Beih., 14 (1962), Nr. 1, S. 21–29, bes. S. 26–27 (Tafel 2, Bild 14); vgl. Gießerei 49 (1962), S. 46.

[54] Piwowarsky, E., Hochwertiges Gußeisen. Berlin: Springer-Verl. 1951, Neudruck 1961, S. 56, Bild 56.
[55] Institut für Eisenhüttenkunde Technische Hochschule Aachen, Metallurgisches Praktikum 1955/1956.
[56] Löhberg, K., Gießerei 44 (1957), S. 89–96.
[57] Wittmoser, A., Gießerei 43 (1956), S. 473–485.
[58] Krall, H. A., Masch.-Markt 70 (1964), Nr. 44, S. 13–17; vgl. ZGV-Mitt. Nr. 1117–1614, Oktober 1964.
[59] Benteler, H., Stahl u. Eisen 82 (1962), S. 597–603.
[60] Schenck, H., Stahl u. Eisen 82 (1962), S. 1405–1410, bes. S. 1409.
[61] Desfossez, P., Stahl u. Eisen 82 (1962), S. 1469–1476.
[62] Reuter, H., Persönliche Mitteilung 1962.
[63] Orths, K., Gießerei 50 (1963), S. 313–322, bes. S. 316.
[64] Moore, C. T., und M. D. Twitty, BCIRA J. 11 (1963), Nr. 1, S. 96–110.
[65] Bostater, J. A., und R. W. Heine, Modern Castings 1964, Okt., S. 582–586.
[66] Bostater, J. A., und H. J. Heine, A simple technique for eliminating surface defects on malleable iron castings. Cleveland, Ohio, USA, 8.11.1963.
[67] Malleable Founders Society (H. J. Heine): Elimination of surface defects. Cleveland, Ohio, USA, 23.3.1964.
[68] Kellermann, C. R., und R. W. Heine, The use of inoculants to prevent spiking in white cast iron. Malleable Founders Society, 10. Technical and Operating Conference, Cleveland, Ohio, USA, 10./11.3.1965.
[69] Heine, R. W., und R. J. Warshal, Spiking and the solidification of white cast iron. Malleable Founders Society, 10. Technical and Operating Conference, Cleveland, Ohio, USA, 10./11.3.1965.
[70] Kellermann, C. R., und R. W. Heine, A solidification parameter for spiking. Malleable Founders Society, 10. Technical and Operating Conference, Cleveland, Ohio, USA, 10./11.3.1965.
[71] Heine, R. W., The spiking defect. Malleable Founders Society, 10. Technical and Operating Conference, Cleveland, Ohio, USA, 10./11.3.1965.
[72] Zu [65] bis [71] vgl. Döpp, R., Bericht über eine USA-Studienreise im März 1965. Verein Deutscher Gießereifachleute, Düsseldorf, Juni/Juli 1965.
[73] Döpp, R., Solidification of iron-carbon alloys, a review of significant factors affecting malleable iron. Malleable Founders Society 10 – Technical and Operating Conference, Cleveland, Ohio, USA, 10./11.3.1965.
[74] Twitty, M. D., und T. B. Burgess, Eutectic cell size study. Malleable Founders Society. 10. Technical and Operating Conference, Cleveland, Ohio, USA, 10./11. 3.1965.
[75] Döpp, R., Untersuchungen zum Erstarrungs- und Graphitisierungsverhalten von Temperguß. Bericht im Fachausschuß Temperguß des Vereins Deutscher Gießereifachleute, Düsseldorf, 28.4.1965.
[76] Kowalke, H., Untersuchungen über den Einfluß der Primärerstarrung auf technologische Eigenschaften von schwarzem Temperguß. Vortrag im Fachausschuß Temperguß des Vereins Deutscher Gießereifachleute, Düsseldorf, 10.2.1965.
[77] Hülsenbeck, G., Einflüsse auf die Warmrißbildung an Gußstücken. Vortrag auf dem 21. Aachener Gießerei-Kolloquium, 24.–26.2.1966.
[78] Orths, K., Gießerei 51 (1964), S. 301–310, bes. S. 305.
[79] Orths, K., Gießerei 52 (1965), S. 333–344, bes. S. 337; vgl. Mitt. des Instituts für Gießereitechnik, Düsseldorf, 1964, Nr. 4 (Dez.), S. 5/6.

[80] ORTHS, K., Gießerei 53 (1966), Nr. 10, S. 301–314, bes. S. 304/305.
[81] Mitt. des Instituts für Gießereitechnik, Düsseldorf, 1966, Nr. 2 (Juli), S. 2–4.
[82] WEIS, W., Untersuchungen über die metallurgischen und metallkundlichen Voraussetzungen für die Warmrißbildung von Temperguß. Zwischenbericht im Fachausschuß Temperguß des Vereins Deutscher Gießereifachleute, Düsseldorf, 7.7.1965. Schlußbericht im Fachausschuß Temperguß des Vereins Deutscher Gießereifachleute, Berlin, 16.5.1966. Vortrag auf der Hauptversammlung des Vereins Deutscher Gießereifachleute, Düsseldorf, 13./14.10.1966 (W. WEIS, H. SMETS, K. ORTHS).
[83] LUX, B., und H. TANNENBERGER, Gießerei, techn.-wiss. Beih., 14 (1962), Nr. 4, S. 193–205; vgl. Gießerei 49 (1962), S. 872.
[84] LUX, B., Gießerei, techn.-wiss. Beih., 14 (1962), Nr. 4, S. 207–212; vgl. Gießerei 49 (1962), S. 872.

Forschungsberichte des Landes Nordrhein-Westfalen

Herausgegeben im Auftrage des Ministerpräsidenten Heinz Kühn
von Staatssekretär Professor Dr. h. c. Dr. E. h. Leo Brandt

Sachgruppenverzeichnis

Acetylen · Schweißtechnik
Acetylene · Welding gracitice
Acétylène · Technique du soudage
Acetileno · Técnica de la soldadura
Ацетилен и техника сварки

Arbeitswissenschaft
Labor science
Science du travail
Trabajo científico
Вопросы трудового процесса

Bau · Steine · Erden
Constructure · Construction material ·
Soil research
Construction · Matériaux de construction ·
Recherche souterraine
La construcción · Materiales de construcción ·
Reconocimiento del suelo
Строительство и строительные материалы

Bergbau
Mining
Exploitation des mines
Minería
Горное дело

Biologie
Biology
Biologie
Biologia
Биология

Chemie
Chemistry
Chimie
Quimica
Химия

Druck · Farbe · Papier · Photographie
Printing · Color · Paper · Photography
Imprimerie · Couleur · Papier · Photographie
Artes gráficas · Color · Papel · Fotografía
Типография · Краски · Бумага · Фотография

Eisenverarbeitende Industrie
Metal working industry
Industrie du fer
Industria del hierro
Металлообработывающая промышленность

Elektrotechnik · Optik
Electrotechnology · Optics
Electrotechnique · Optique
Electrotécnica · Optica
Электротехника и оптика

Energiewirtschaft
Power economy
Energie
Energía
Энергетическое хозяиство

Fahrzeugbau · Gasmotoren
Vehicle construction · Engines
Construction de véhicules · Moteurs
Construcción de vehículos · Motores
Производство транспортных · Средств

Fertigung
Fabrication
Fabrication
Fabricación
Производство

Funktechnik · Astronomie
Radio engineering · Astronomy
Radiotechnique · Astronomie
Radiotécnica · Astronomía
Радиотехника и астрономия

Gaswirtschaft
Gas economy
Gaz
Gas
Газовое хозяйство

Holzbearbeitung
Wood working
Travail du bois
Trabajo de la madera
Деревообработка

Hüttenwesen · Werkstoffkunde
Metallurgy · Materials research
Métallurgie · Materiaux
Metalurgia · Materiales
Металлургия и материаловедение

Kunststoffe
Plastics
Plastiques
Plásticos
Пластмассы

Luftfahrt · Flugwissenschaft
Aeronautics · Aviation
Aéronautique · Aviation
Aeronáutica · Aviación
Авиация

Luftreinhaltung
Air-cleaning
Purification de l'air
Purificación del aire
Очищение воздуха

Maschinenbau
Machinery
Construction mécanique
Construcción de máquinas
Машиностроительство

Mathematik
Mathematics
Mathématiques
Mathemáticas
Математика

Medizin · Pharmakologie
Medicine · Pharmacology
Médecine · Pharmacologie
Medicina · Farmacología
Медицина и фармакология

NE-Metalle
Non-ferrous meta
Metal non ferreux
Metal no ferroso
Цветные металлы

Physik
Physics
Physique
Física
Физика

Rationalisierung
Rationalizing
Rationalisation
Racionalización
Рационализация

Schall · Ultraschall
Sound · Ultrasonics
Son · Ultra-son
Sonido · Ultrasónico
Звук и ультразвук

Schiffahrt
Navigation
Navigation
Navegacion
Судоходство

Textilforschung
Textile research
Textiles
Textil
Вопросы текстильной промышленности

Turbinen
Turbines
Turbines
Turbinas
Турбины

Verkehr
Traffic
Trafic
Tráfico
Транспорт

Wirtschaftswissenschaften
Political economy
Economie politique
Ciencias económicas
Экономические науки

Einzelverzeichnis der Sachgruppen bitte anfordern

Westdeutscher Verlag · Köln und Opladen

GPSR Compliance

The European Union's (EU) General Product Safety Regulation (GPSR) is a set of rules that requires consumer products to be safe and our obligations to ensure this.

If you have any concerns about our products, you can contact us on ProductSafety@springernature.com

In case Publisher is established outside the EU, the EU authorized representative is:

Springer Nature Customer Service Center GmbH
Europaplatz 3
69115 Heidelberg, Germany

Batch number: 10584556

Printed by Printforce, the Netherlands